先生、シマリスがヘビの頭をかじっています！

［鳥取環境大学］の森の人間動物行動学

小林朋道

築地書館

はじめに

私は鳥取県の鳥取環境大学で、専門である動物行動学と人間比較行動学（私は両方あわせて人間動物行動学と呼んでいるが）、そしてそれらを基盤にした野生動物の保護の研究と教育と実践に日夜（？）励んでいる。

カバーを見てもおわかりのように、本書は、これらの学問の解説書ではない。自然に恵まれた大学や大学周辺で起こる、動物や学生を巻きこんださまざまな事件を、人間動物行動学の知見もまじえながら書いたものである。

根っからの動物好きで、フットワークが軽い（腰が軽いという噂もあるが）私にとって、大学内外の豊かな自然とそれを色濃く映しこんだ市街地は事件の宝庫である。向こうからやってくる事件もあるし、こちらが引き起こす事件もある。

研究室のなかでは、研究用のアカネズミやヘビやアカハライモリが、私がつくってやったすみかを抜け出して歩きまわる（這いまわる）。だけど、不思議にかれらは最後には、有形無形のお土産をもって私のもとに帰ってくる。

大学のキャンパスでは、ヤギ部の部員が放牧しているヤギコという名のヤギが、私の知的ないたずらに、私もびっくりする反応で答えてくれる。大学林では、私が担当する野外実習のさなか、突然現われたテンが、学生たちの間を駆けめぐる。

大学の外では、大学の近くにそびえる山々で絶滅危惧種の動物との驚きの出会いがある。鳥取駅前の街通りでは、狩猟採集に適応した心を内に秘めたホモサピエンスという動物が、その心を垣間見せてくれる。

このように書くと、支離滅裂な内容のように思われるかもしれない。しかし私のなかにも一片の研究者の心がある。いつも頭の片隅にあるテーマは（しばしば事件に夢中になって忘れてしまうが）、〝人間と自然の精神的つながり〟の理解である。

それは、現在われわれが日々抱えている問題の解決に直結する発見や技術、行動指針をすぐに与えてくれるものではない。与えてくれるものではないが、私はそれに興味がある。

その興味が、動物や学生を巻きこんだ事件に私を出会わせ、事件をよびこみ、私を元気づけてくれているのだと思っている。

そして、読者の方に少しでも、その興味や元気が伝われば幸いである。

読んでくださってありがとう。

最後になったが、築地書館の橋本ひとみさんには、文章面から写真の構成まで大変お世話になった。本というのはほんとうに共同作業の産物だと改めて思っている。

◆目次

本書の登場動(人)物たち

イノシシ捕獲大作戦

人間動物行動学から見た“尊敬”の意味

「田んぼの稲に被害を与えるイノシシの捕獲に挑戦しよう！」

これはごくごく真面目なプロジェクト研究のテーマの一つである。

鳥取環境大学には、一年生と二年生を対象に、半期（約四カ月間）を単位として、教員が提示した一つのテーマに沿って、調査・研究をするという授業がある。プロジェクト研究とよばれている。

基本的には、学生がどのプロジェクト研究を選択するかは学生の希望に従うのだが、手をあげた学生が多い場合には、くじ引きで、希望が少ないテーマへ回される。

私は、このプロジェクト研究のテーマを毎年変えているので、大学創立から数えると、三〇以上のテーマを提示してきたことになる。その多くが、生物に関係したテーマである。

一度に四、五人ほどの学生を担当するので、大変だけれども、いろいろと楽しいアクシデントも起こり、毎回毎回、終了時には感慨深いものがある。

さて、その頃私は、大学の近くに農家の方から田んぼを借りていて、そこでゼミやサークルの学生たちと一緒に冬期《とうき》湛水《たんすい》不耕起《ふこうき》栽培《さいばい》という方法の稲づくりを実践していた。

通常の稲づくりでは、夏の終わりには田んぼの水を外へ落とし、水のない田んぼで稲刈りを行なう。そして稲刈りの後も田んぼに水を入れることはない。次に水を入れるのは、翌年の春、田植えの頃である。

一方、冬期湛水不耕起栽培では、稲を刈りとった後も田んぼに水を入れておく。そして春には、田んぼを耕すことなく、前の年からずっと水がたまったままの田んぼに苗を植える。

詳細は省くが、理想的な冬期湛水不耕起栽培の利点としては、次のようなことがあげられる。

①一年の大半を通じて田んぼに水があるため、その間じゅう、水中に繁殖した藻などが太陽のエネルギーを固定し、そこから多様な動物の食物連鎖が展開される。食物連鎖は害虫の増加を抑え、動植物の死組織は肥料になる。

②「地域の在来生物多様性を促進しながらの稲づくり」という、生態系の保全という意味からは先端的な農法といえる。絶滅が危惧される生物の生息地になる場合もある。われわれの田んぼには絶滅危惧種であるマルタニシが生息していた。

③化石燃料と重機を使って田んぼを耕す必要もなく、農薬や化学肥料の散布という作業も必要ないので、労力がかからない。（ただし、少なくとも最初の何年かは、手作業での除草に苦

労する。）

④稲は、耕されていない田んぼに根を張らなければならないので、根が力強く〝野生化〟し、冷害や強風に強い稲になる。

こういった利点をもつ農法にさらに独自性を出そうと、われわれは、ヤギ部というサークルが大学のキャンパスで飼っていたヤギたちに、稲刈り後、畦《あぜ》や田んぼのなかの草を食べてもらった。それは除草と同時に、ヤギが出す糞による有機肥料散布にもなった。

つまり、われわれは、〝ヤギ利用冬期湛水不耕起栽培〟を実践したわけである。学生たちはそれらの田んぼを「ヤギんぼ」とよんでいた。

さて、こんな稲づくりを学生たちとやっていたのだが、**ある日、大きな問題が起きた。**

その頃、全国的に問題になっていた田畑の作物に被害を与える〝イノシシ〟が、われわれの田んぼにも現われたのである。

ある学生は、

「先生、イノシシも在来種の一つなのだから、イノシシがヤギんぼにやって来たことは、豊

“ヤギんぼ” をめぐる風景

ヤギが田んぼの雑草を食べ、田植えをし、稲が育ち、穂をつける

かな食物連鎖という意味ではよいことなのではないですか?」

と言った。

私は苦笑した。

そういう発想はいい。その言葉には一理(○・四理くらいか)ある。

確かに、ヤギんぼに、ドジョウやサワガニなどを求めてサギ類やタヌキ、イタチがやって来て、やがてマガモのつがいがヤギんぼを夜のねぐらにしてくれたときは、皆、ヤギんぼが生態系の一部に溶けあったような気分になって喜んでいた。シマヘビがよく来るようになったときも、これは私だけだが、喜んだ。

しかし、さすがに、イノシシはちょっと困る。

イノシシは、ヤギんぼの、まだ青い稲の穂を食べたり、畦を掘り返したりした。

どうしたものかなあ、と考えていたとき、

「田んぼの稲に被害を与えるイノシシの捕獲に挑戦しよう!」

というプロジェクト研究のテーマがひらめいたのである。

短絡的というか、無謀というか、こちらの勝手な都合というか、とにかく猪突猛進のテーマ設定であった。

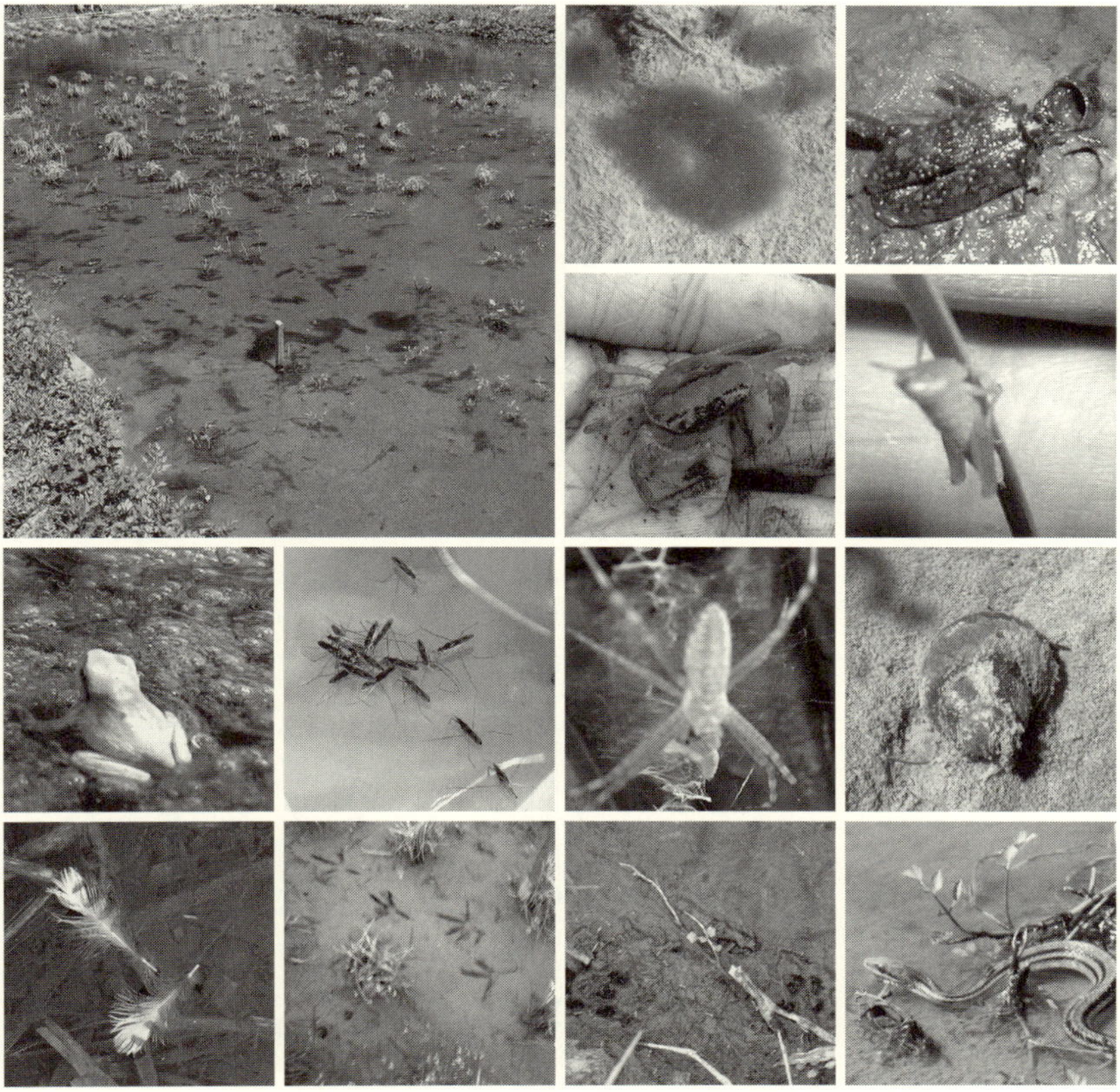

冬期湛水不耕起水田に集う豊かな在来生物たち

冬でも繁殖する藻や動物の死骸は肥料になり、食物連鎖は害虫の増加を抑える問題は、**そんなテーマに手をあげる学生が、はたしているか**どうかだったが……いたのである。それも五人も。

(ひょっとすると、もっといたかもしれない。しかし上限が決まっていて、五人を超えるとほかのテーマに回されるのである。五人集まったのを知ると私も強気になった。)

最初の集まりで、顔を合わせた五人は、全員、私の記憶にはない学生で、皆、面白そうだから希望したと言った。

小林(私のことであるが)は、面白いことをしそうなので希望した、という学生もいた。

私は、こんな無茶なテーマをよくも選んだなと思いつつ、一人ひとりと話をした。どの学生も、そんなテーマを選ぶだけあって、元気がありそうだ。皆、飲み会が大好きなんだろうな、と思った。ある学生は、イノシシの肉を食べてみたいと言った。

プロジェクト研究の、〝調査・研究〟が始まった。

ヤギんぼに行き、イノシシの足跡を調べ、どの程度の大きさか、何匹いるのか、どのあたりからやって来て、どういう経路でヤギんぼを徘徊しているのかなどを、狩猟採集人の心で探っていった。

イノシシに荒らされた田んぼ

若い穂を食べ、畦を掘り返す。人と自然の共存の課題はここにもある

私がイノシシの動きや習性を読みとるのを、皆、興味深そうに、熱心に聞いてくれた。なんとよい学生たちなのだろうか。

また、その合間に私は、ヤギんぼの近くのコナラの大木に巻きついていたわわにみのるアケビの実を、木に登って取ってきてやった。皆、大変喜んで食べてくれた。そして、大木にスルスルと登っていく私の能力を、口々に褒めてくれた。

なんとよい学生たちなのだろうか。

運動に自信のある学生が、私に刺激されて、私をまねて登ろうとしたが、無理だった。

私の株はますます上がった。

そうか、**こんなことが尊敬のネタになるのか。**

こんなことなら、ほかにいくらでもあるぞ。そもそも幼い頃から、こんなことばかりして生きてきたのだから。

では次はどんな技を見せてやろうか。……などと思っていたら、学生たちが、どうして私はそんなことができるのか聞いてきた。お調子者の私は、得意になって、イノシシの動きを読むコツや、木に登るコツ、また、私の生い立ちを話したのである。

そして、このときの私と学生たちは、まさに、狩猟採集人だったと思うのである。

大学一、二年生といえば、狩猟採集社会においては、熟練した技術を身につけた大人たちの集団に入っていく時期である。

一方、それと符合するように、本来、その時期の若者の心理は、大人への関心が増大するような性質をもっているのではないかというのが私の仮説である。その心理は、現代においては〝尊敬〟という言葉で表わされる感情に似通ったものではなかったかと推察するのである。

逆の言い方をすれば、**尊敬という言葉で表わされる感情**は、若者が、成人個体から、その土地で生きていくために必要な技術を学ぶのを後押しする**重要な生物学的特性**と言うことができるかもしれない。

ところが、現代社会では、若者は、その生物学的特性を発現できるような場面にはなかなか出会えない。彼らは、部族の成人が狩猟採集の技を駆使して活動している場面を見ることができないのである。

そんななかで、私が、イノシシの行動を読みとり、木に登ってアケビの実を取るという、ストレートな刺激を学生に与えたということなのではないだろうか。

イノシシがヤギんぼに入ってくるルートを理解した学生たちは、次に、罠づくりにとりかかった。

一口に**罠をつくるといっても、大変だ。**

なんといっても対象はイノシシである。かなりの強度と広さ・奥行きが必要である。(ちなみに、それがまさに私が教育者としてねらいとしたことでもあった。つまり、学生たちに、イノシシのことを理解したうえで、それに合わせてイメージし、罠をつくり上げていくことを通して、分析すること、計画すること、力を合わせて実践することを学んでほしいという深い配慮がそこにはあったのである。)

彼らはまず、以前、大学祭のときに誰かがつくったと思われる、適度な大きさ、丈夫さの立方体の木枠をどこからか探し出してきた。そしてその木枠に、鉄の格子を取りつけていった。

さらに、私の助言を聞きながら、罠の奥に吊した餌をイノシシが食べたら、入り口が閉まるような仕掛けをつくっていった。

この頃から私も、彼らの実行力に一目置くようになっていた。

なれない作業だったに違いないが、皆楽しそうに、ああでもないこうでもないと言いあいながら、積極的に取り組んでいた。

ある学生は、毎回、〝つなぎ〟の服を着て、やる気満々で作業をしていた。(彼は車が大好きで、将来は車の修理に関係した仕事がしたいと言っていた。修理を頼むなら是非彼のような人物に頼みたいものだと思った。）

最初は私も、「挑戦することに価値があるのであって、仮に、授業の期間内に罠が完成しなくても、それはそれで学生には得るところはある……」などと思っていた。

しかし、彼らの様子を見ていたら、これはひょっとしたらうまくいく可能性がないわけでもないな、と思うようになっていた。

さて、**なんとか罠はできた。**

イノシシが餌を食べたら入り口も閉まる。

よし。

「じゃあ、ヤギんぼに運んでイノシシの道に設置しよう」

ところがその罠、なかなか重いのである。

大学から軽トラを借りて荷台に載せようとしたのであるが、これがなかなか重くて思ったように運べない。私も加わって、なんとか載せることができた。

皆の顔がぱっと笑顔に変わった。

次は……。

次は、**もっと過酷な作業が待っていた。**

罠を載せた軽トラをヤギんぼの近くに停め、それから罠を、目的の場所（山から下りてきたイノシシが確実に通るルートの上）まで持ち上げて運んでいかなければならなかった。距離にすれば一〇〇か二〇〇メートルくらいだったろうか。しかし、その途中、足場の悪い斜面や畦などを通らなければならなかった。私も加わり、途中何度か下におろして休みながら、ゆっくり運んでいった。

途中から私は、運ぶのを学生たちに任せ、進み方を指揮する役になった。適切なルートを選ばないと、ぬかるみにはまりこんだり、誰かが倒れたりする恐れがある。（ほんとうは、私の体力がもたなかったというのが一番の理由だったが。）

そして私は、少し離れて彼らの姿を見ることになるのだが、……顔を赤くし、時々足をよれよれにしながら、時々奇声を発しながら罠を運んでいく彼らを見て、おかしくて、楽しくて、愉快でたまらなくなってきた。

気持ちのよい秋の日、つきぬけるような青い空である。ヤギんぼの周辺には黄色いマツヨイグサの花や赤いイヌタデの花が咲いている。

そのなかを五人の男子が、……。
イノシシを捕まえるため？……。
なんだか腹の底から愉快になってきた。

この若者たちはいい！　君らはいい！　実にいい！

無事、罠を設置し、罠の奥に米や芋、ミミズなどを置き、紐の先にサツマイモを引っ掛けて、一応準備は終わった。イノシシを専門にする狩猟採集人に見てもらえば、問題は山ほどあっただろう。〝罠を置く場所〟から、〝罠の構造〟〝人間のニオイ〟などなど、私にでもいくつかわかることはあったが、まーそれは、学生たちの努力の結果ということで。
　しかし、私は、ひょっとすると入るかもしれない、とそのとき思った。

わが愛すべき学生たち。狩猟採集人の心を忘れないでほしい

学生たちとは、罠づくりと並行して、夜、イノシシがどのようにしてヤギんぼで餌をあさっているか見にいった。

稲の穂はもうイノシシに食べられており、残った穂もほとんど刈りとられていたが、イノシシはヤギんぼのなかのタニシやドジョウ、畦のミミズなどを求めて出てくることがあるのだ。

何度目かのある夜、八時頃だったと思う。ヤギんぼの上の道路から見下ろすと、月明かりに照らされて、一匹の大きなイノシシがヤギんぼの畦のところで鼻を地面につけるようにして動いていた。

いた!

われわれは声は出さなかったが、驚いたこちらの気配を察知したのだろう。イノシシは突然田んぼのなかや畦を猛然と走りはじめた。

揺れて動いていく巨大なかたまりから、**ドッドッドッ**という音が聞こえるような気がした。

やがてイノシシは、ヤギんぼのそばの小川を通ってその背後の山へと走り去っていった。その移動ルートは、われわれが足跡で読んだルートと一致していた。そのときには、まだ罠は設置していなかった。

学生たちは興奮していた。

一瞬の沈黙の後、

「大きかったなー」

「迫力あったなー」

「やっぱイノシシはスゲー」

しばらくの間そんなことを言いあっていた。


それで、結局、罠にイノシシは入ったかって？

結論から言うと、学生たちには、まだまだ狩猟採集人としての経験が足りなかった。「もっともっと私を尊敬し、私の豊かな知識と技を盗まなければならない」というわけだろう。張りぼての狩猟採集人は、最後の授業で、学生の頑張りを褒めたたえ、最後にそう締めくくった。


じかに見る生き生きとした動物たちは、われわれにいろいろな感情をわき立たせてくれる。それは〝恐れ〟であったり、〝好奇心〟であったり、〝獲物〟であったり、〝かわいらしさ〟であったり、〝友人・同胞〟であったり、〝畏敬の念〟であったり。

その多くが、われわれの心が、生き生きとして健康であるために必要な感情であると私は思っている。

そこで、とうとつで恐縮なのだが、わが鳥取県の企画課の方々に一つ提案がある。

鳥取駅前の緑地広場にヤギを放牧してはどうだろうか。

ゆったりとした緑地、小さな池と岩場のある丘、木陰ができるまばらな木々。ヤギはそういった彼ら本来の環境のなかで健康に生きる。

そういう健康なヤギの姿は、われわれのなかの狩猟採集人の心にさまざまな感情を響かせてくれる。それは私が保証する。

なぜ、駅前広場にヤギなのか？　詳しくは次章で。

駅前広場に
ヤギを放しませんか？

狩猟採集人の心が
駅前通りをデザインする！

鳥取駅から北へ一キロほど行ったところに、真教寺《しんきょうじ》動物公園という小さな市立の動物園がある。遊具も設置された公園のような広場に隣接する形で、シマリス、ニホンザルなどの哺乳類、オシドリ、マガモなどの鳥類が檻のなかで飼われている。

あるとき、野生動物の飼育にうるさい私の妻が、偶然その動物園に行き、内部の構造と管理の見事さに感心して帰ってきた。

「あれを設計したのはただものではない」

と言ったので、どこが見事なのか詳しく長々と話させ、最後に、あれを設計したのは私だと言ってやった。順序が逆だったら話はすぐ終わっていただろう。

実は、動物園の一部が改築されるとき、シマリスやプレーリードッグ、アライグマの檻の内部の構造について、私も意見を求められ、各動物の自然生息地が再現されたような植物や水場などの配置と、巣穴のなかの動物たちの様子が見えるような仕組みを提案したのだ。

さて、ここでお話ししたいのはこの動物園の動物たちのことではない。

駅前通りのあちこちに生息している、ブロンズや木やプラスチックでできた、動かない動物たちである。

その動物たちは、駅前広場のモニュメントとしてつくられた、空を舞うハトであったり、後ろ足で立ち上がっているウサギである。駅前通りの歩道に点々と見つかるブロンズのネズミやプレーリードッグやカエルである。

別な駅前通りのアーケードの下では、旗に描かれたウサギが数メートルおきに揺れている。その通りにある店の前の石畳には、そこを行き来する人たちのために木製の長椅子が設置されており、その長椅子の肘かけには、石でできた小鳥がとまっている。

街は、われわれホモサピエンスが地球内の物質をもとにしてつくった加工品で覆われている。その加工品というのは、寝食が快適になるように家具や電化製品などを整えた住居、物や娯楽を売る店、そして人や物の移動が効率的に行なえるようにつくられたアスファルトの道路などである。

そんな街のなかに、人びとは、わざわざお金をかけスペースを割いて、（動かない）動物たちを生息させている。そして、興味深いことに、それらの**動物たちのほとんどは草食動物である。**（肉食動物ではない。）

「人間は、自然のさまざまな風景のなかで**どんな風景に快さを感じるか？**」

について、これまで多くの研究者が、さまざまな国の人びとを対象にして調べてきた。

たとえば、アメリカの心理学者ゴードン・オーリアンズ氏は、いろいろな国で、いろいろな風景の写真を被験者に見せ、どれを快いと感じるかを調査した。

オーリアンズ氏が得た結果の概略をまとめると、熱帯林の近くに住む人たちも、大都市のなかで暮らす人たちも、快いと感じる風景は、われわれホモサピエンスにとっての本来の環境、つまり、人類が進化的に誕生した舞台と考えられている、現在のアフリカのサバンナのような風景であった。

それは、全体的には開けていて遠くまで見渡すことができ、木々や池、小高い丘が点在するような風景であった。

この結果は、オーリアンズ氏以外の研究者たちがそれぞれ独立に行なった調査の結果とも一致していた。

さらに、数人の研究者のより踏みこんだ研究から、そのような風景の要素に加え、自分が子どもの頃育った風景の要素に対しても快さを感じること、また、（ここが重要なのであるが）サバンナのような風景のなかに、水場や草原で休息している水鳥やシカなどの草食動物がいる

駅前通りに“生息する”草食動物たち（一部、雑食動物もいる）

現代ホモサピエンスは、快さを求めて、駅前通りに草食動物たちを生息させているに違いないほうが、より快さは増すことも示されている。

風景のなかの**草食動物の存在が、われわれの心の快さを増大させる**理由としては次のように考えられている。

ホモサピエンスは、現在にいたる数十万年の歴史のなかの九割以上を、「全体的には開けていて遠くまで見渡すことができ、木々や池、小高い丘が点在するような」環境下で生きてきた。そういった環境のもとでは、「水場や草原で休息している水鳥やシカなどの草食動物」の存在は、肉食の危険な動物がすぐ近くには迫っていないことを知らせる信号、また、自分たちが立っている場所は、草食動物たちも暮らせるような自然の恵みに満ちた場所であることを示す情報となっていたのではないか。

だから、現代でもそのような環境では、快さ・安心感が増大するのではないか、というわけである。

少し理屈っぽい話になるが、われわれの体の構造や精神（つまり脳の構造）は、ホモサピエンスが進化的に誕生した環境に適応している。それはちょうど、イルカが水のなかという環境に、ヒレなどの体形を適応させ、遊泳やエコロケーション（水中に波の振動を発信し返ってくる振動を解析して前方の物体を認識する能力）を実行するための脳を身につけたのと同じことである。

イルカが、水のなかで、一番安心して生き生きと活動できるのと同様に、われわれホモサピエンスは「全体的には開けていて遠くまで見渡すことができ、木々や池、小高い丘が点在し、草食動物が休息しているような」環境のなかで、一番安心して生き生きと活動できるのである。

そのようなわれわれの脳の構造、特性は、大まかには遺伝子という設計図によって決められており、人類史のほんの一瞬前に出現した、駅も含めた近代社会にあっても、ほとんど変化していないと考えられている。

だからこそ、われわれは、駅前広場や通りを「全体的には開けていて遠くまで見渡すことができ、まばらな木々や池（噴水などのモニュメント）、小高い丘（石や木でつくったモニュメント）が点在する」環境にし、草食動物を生息させるのである。

草食動物を見ていたいのである。

大学のある授業で、学生たちといっしょに、「動物行動学的な視点から駅前通りの店を分析してみよう」というプログラムを行なったことがある。

そのときの授業に参加していたAくんは、「店の業種と店の前に緑の植物が置いてある割合との関係」を調べた。その結果、植物が割合、量ともに一番多く置いてある店は、美容理容店であることがわかった。

私の経験では、きれいにライトアップされた、水草の間を魚が泳いでいるような水槽が置いてある理容店もよくある。一方、最も植物が少なかった店（というか、調べた店すべてで植物が見られなかった店）は、パチンコ店であった。

Aくんの調査結果はよく理解できる。

美容理容店は、チンパンジーやほかの多くのサル類で言えば、他個体から毛づくろいをうけてくつろぐような休息の場所である。一方、パチンコ店は、アドレナリン濃度を上げて、イザヤルゾ！というまさに狩猟

駅前通りの店の前に“生育する”樹木

採集の現場なのである。

さて、ところで、駅前通り（少なくとも鳥取駅の駅前通り）には、草食動物ではなくて**肉食動物を生息させている場所**もある。それは、おそらく誰にとっても、快くゆったりと憩うような場所ではない。

その場所は〝神社〟である。

鳥取駅の半径約五キロ範囲内には、私が知っているだけでも四つの小さな神社がある。奥行きが二〇メートルもないほどの敷地のなかに、小さい鳥居と社が置かれ、ライオン（獅子）やキツネ、ヘビ、竜、シャチ（鯱）といった肉食動物たちが目を光らせている。

おそらく昔は、もっと広い敷地だったのだろうが、道路や建物などの拡大にともなってだんだんと縮小されたのだろう。

駅前通りに“生息する”肉食動物。肉食動物が生息する場所は限られている

しかし、人間の脳は、神社の動物行動学的意味とも絡んで、次のような事情から、それらを完全につぶしてしまうことには大きな畏れを感じたのだと思う。

四方を自然で囲まれた環境のなかで狩猟採集の生活をしていたわれわれの祖先は、自分たちの縄張りや行動圏のなかで、**危険な場所**はよく知っていたと思う。猛獣に襲われやすい場所、毒ヘビや大型のヘビが潜んでいる場所、雨が降ると崖崩れや洪水が起きやすい場所などである。そして人びとは、そういう場所や対象に恐れを抱き、注意し警戒するように、世代を超えて語りついでいったと予想される。

また同時に、人びとは、そういった危険の対象を、大きな力をもった存在として崇め、なだめ、逆に自分たちを守ってくれるような存在として味方につけるような努力もしたと思われる。そして、そういう心理や行動は、世代を超えて、直接体験していない部族内の人びとにも、危険対象に特に注意を促すための適応的な現象だったと思われる。部族の言い伝えや神話のなかには、そのようにして生まれたものも少なくないだろう。

神社とは、そういった危険な場所、危険な動物、またそれらの背後に想像した大きな力（神）に注意し、敬い崇める心理が生み出した場所ではなかったか、というのが私の推察である。

このような、われわれの祖先がもっていた〝神社〟に対する脳の特性は、遺伝子を通じて今日まで伝えられ、高速道路や近代的なビルが立ち並ぶ現代においても作動し、神社を完全につぶしてしまうことをためらわせるのではないだろうか。

また神社の存在については、次のような言い方もできるかもしれない。

脳内に潜む狩猟採集人の心は、適度に開放してやらなければ、欲求として残りつづけることがある。

神社には、本来人類にとって危険な存在だった猛獣やヘビなどの肉食動物を奉り、緊張感や慎み深さを感じさせ、畏れの心理を時々開放させるような働きもあるのかもしれない。

神社内の木や枝をむやみに切ってはならないとか、ゴミを捨ててはならない、といった禁止事項が多いのも、緊張感や慎み深さを感じさせる空間を演出しているのであろう。鳥居や石に刻まれた文字などに赤色が用いられることが多いのも、赤色が人間にとって緊張の色だからであろう。

さて、ここで私は一つ、声を大にして鳥取県に提案したい。

駅前広場にヤギを放しませんか？

冒頭で紹介した〝われわれホモサピエンスにとって心が癒される風景〟についての、オーリアンズ氏たちの研究結果を思い出していただきたい。

それは、「全体的に開けていて、そのなかにまばらに木々や池、小高い丘が点在し、さらに草食動物が静かに草を食《は》んでいる」ような風景である。

駅前の風景は確かに、全体的に開けていて、まばらに木々がある。欠けているのは、池と小高い丘と草食動物である。

池と小高い丘はまずは横に置いておき、**草食動物は何としても必要である。**

そこで、私はちょっと頭をめぐらせてみた。

すると、偶然にも、ちょうどぴったりの動物が、私の勤務する大学にいることに気がついた。

そうか。私としたことがすっかり忘れていた。

大学にヤギがいるではないか！

学生がサークルをつくって飼っているヤギが。

駅の緑地広場に池と小さい丘をつくって、二、三頭の白いヤギを放牧すればよいのだ。

それが、県民の人たちや鳥取を訪れる人びとに、楽しさや安らぎを与えることはもうほとんど疑う余地のないことである。

駅前広場にヤギを放しませんか？

駅前広場にヤギが放牧されているところを想像してみた

全国のどこにもない駅前として、評判になるかもしれない。

仕事の行き帰りの人たちにもいいに違いない。朝は元気づけられ、夕方は仕事の疲れを癒される。

大学では、時々、ヤギが柵から脱走して騒ぎを起こすが、駅前でも時々脱走してくれれば、街が活気づく。ニュース、新聞記事のネタにもなってくれる。

「本日、駅前のヤギが柵から脱走し、現在も駅前周辺を気ままにうろついているもようです。関係者の話では、最近のヤギは、柵内の生活に満足しており、脱走という行為に踏みきった動機は思い当たらないということです。ヤギを見かけた方は、○×までご連絡ください。駅前、現場からの中継でした……。」

これはいい。是非、県議会で議題にしてはもらえないだろうか。

駅前に残された“ニオイづけ”は タヌキの溜め糞？

スプレーで描かれたサインの 動物行動学的意味

〝ニオイづけ〟といっても、立ちショウ○○のことではない。

アフリカで、熱帯林での樹上生活を経てサバンナでの狩猟採集生活を行なうようになったわれわれの祖先は、環境への適応進化の結果、嗅覚（ニオイ）より視覚にすぐれた哺乳類になった。

その末裔である現代日本人も、視覚にすぐれた哺乳類として日々の生活を送っている。

さて、鳥取駅の周辺を歩いていると、いろいろな場所に写真のようなサインが見つかる。私がざっと調べたかぎりでは、駅の北側について言えば、サインは、駅から約二キロ以内の範囲に多く見られ、その種類は、一三種類ほどである。

それらは、駅前通りのアーケードの柱や、街灯の柱、外部排気管、古いビルの外壁……などなど、いろいろなものに描かれており、高頻度で見かけるサインもあれば、一カ所でしか見られない貴重な（?）サインもある。

もちろん、駅前通りの美観管理をされている方々にすれば、なんとも迷惑なサインであろう。ペンキで白く塗りつぶされたサインも少なくない。

けっしてこれらのサインを容認するわけではないけれども、私は、このような**サインをつけ**

駅前通りのさまざまな場所にマーキングされたサイン
下の３つは同一個体のものと思われる

るホモサピエンスの動物行動学的意味には大変興味がある。

私は、鳥取駅の周辺では、サインを描いている個体を直接見たことはない。しかし、以前住んでいた岡山駅の近くの新幹線の架橋に、スプレーでサインを描いている個体を見たことがある。

深夜の二時頃だった。

その個体は、一〇代後半くらいの若い男性であった。

おそらく鳥取駅周辺でサインを描いている個体も若い男性だろう。

動物行動学的に言えば、この「若い男性」というのは、少年期から次の段階へ進み、地域の大人社会（狩猟採集社会においては大人たちが構成する部族集団）のなかで、自分の存在を受け入れてもらい、また**異性に自分の魅力をアピールしなければならない時期**である。

そういう意味で、同世代の同性などとの競争もより強く求められる時期である。

ドイツの人間行動学者カール・グラマー氏らは、ドイツの刑事事件などの資料をもとに、死にいたるものも含め重症の怪我をともなう争いは、一〇〜二〇歳くらいの青年期の男性で最も多いことを示している。

映画「ウェストサイドストーリー」のなかに出てくる、二つの若者グループの間の争いなどは、このような若い男性の特性をよく表わしている。

私のこれまでの経験から言えば、鳥取駅周辺に見られるようなサインづけは、多くの都市の駅前や、駅以外でも、多くの人びとが集まるような場所でしばしば見られる現象である。そしてそれは、若者が、自分にとってなじみの深い場所で、**自分の存在を誇示する競争心の表われ**のように思われるのである。

縄張りをつくり他個体の侵入からその場所を守るような習性をもつ哺乳類の多くは、縄張りのなかや、隣接する他個体の縄張りとの境界部に、糞尿や唾液、体表のさまざまな分泌物によってニオイづけし、自分（たち）の存在をアピールする。

大型哺乳類のヒグマは体を木などにこすりつけ、カバは糞を周辺にまき散らす。小さな哺乳類ゴールデンハムスターは肛門部を地面にこすりつけ、タマリンは唾液を木の枝に塗りつける。イヌ科の哺乳類リカオンやハイエナでは、複数の個体からなる群れが一つの縄張りを守り、ほかの群れの縄張りと接する場所では、頻繁に尿や糞などによるニオイづけを行なう。

さて、鳥取駅前の若者のサインは、**縄張りを防衛するこのような哺乳類のニオイづけと似た性質**をもつのであるが、縄張りのニオイづけにもっとよく似た現象として、〝その道の人びと〟のニオイづけがある。

映画などで見ると、繁華街などで、その一帯を自分たちの〝しま〟として守る〝その道の人びと〟は、ほかの組による〝しま〟への侵入に目を光らせ、縄張り内を定期的にパトロールしている。具体的にどんなニオイづけをしているのかは知らないけれども、少なくとも〝言葉〟などによるニオイづけは必ずやっているはずである。

一方、駅前の若者のサインは、同じニオイづけであっても少し趣が違う。（もちろん〝その道の人びと〟ではないし。）

複数のサインが、通りの同じ場所に、並んでニオイ

複数のサインが集中してマーキングされている駅前通りのスポット

づけしてある場面にもよく出会う。サインづけができるような場所が少ないから、仕方なく同じ場所にやってしまうというような事情もあるのかもしれないが……。

そして、駅前を探索していた私は、ある日、駅前に見られるサインの総本山、源流とでも言えるような場所に出会った。

それは駅から一キロほどのところにある、一見廃屋のように見えるガレージで、その内側のコンクリート壁には、駅前で見なれたサインが「ここで生まれ、駅前に流れ出たのか」とでも言いたくなるほどひしめきあっていた。

ところで、京都大学の研修員だった私の妻は、当時、「ホンドタヌキの〝溜め糞〟の動物行動学的意味」と

駅前通りのマーキングサインたちが生まれ、流れ出るマザーランド？

いう問題に取り組んでいた。

タヌキは哺乳類のなかでは大変めずらしい「一夫一婦制」の動物である。また、父親も、母親と同じくらい子どもに密着して世話をするという点でも哺乳類のなかでは大変めずらしい。

出産直後から、父親は、母親と交代で生まれた赤ん坊を抱いて体で温めるのである。このような行動を示すきわめてめずらしい哺乳類を、読者の皆さんは少なくとも一種はご存じである。それはヒトである。

タヌキは、山奥や人里近くの山林に生息し（最近では街中に生息するケースも出てきているが）、複数の個体が、はっきりとした縄張りはもたずに、同一の地域で暮らしている。

それぞれのつがい（雄と雌は連れ立って行動する場合が多い）や独身個体は、大体決まった範囲のなかで行動するのであるが、その行動圏は、かなり重なっていることが知られている。

このようなタヌキには、先に述べた二つの生態的特性のほかに、もう一つ、ヒトと共通しためずらしい習性がある。

それは「共同トイレ」である。

その区域に生息する複数の個体が、区域のなかに数カ所、共通して糞尿をする場所をもっており、皆、律儀にそこで用足しをするのである。

このような共同トイレは「溜め糞」（それまで「タメグソ」とよばれていたのを、妻が、それでは汚らしいので「タメフン」とよび、その後はタメフンが正式用語になっている）とよばれているが、複数の個体が長年、集中して利用するものだから、大きいものでは、直径一メートル以上の広さで、糞がつもっている。（もっともっと広がったら大変だろうと思われる方もいるかもしれないが、そこは生態系に組みこまれたタヌキの行動である。糞尿の拡大に並行して、糞虫やミミズなどの土壌動物が分解して栄養たっぷりの土壌にもどしてくれる。）

妻の実験によれば、タヌキたちは、溜め糞場に排出された糞尿について誰のものかをニオイで識別しているらしい。そして、直接出会うことのない個体同士は、

タヌキに特徴的に見られる溜め糞（共同トイレ）

溜め糞のニオイを通して互いに情報交換をしているらしいのである。

たとえば、新しくその区域に棲むようになった個体が、溜め糞場を利用することによって、

「新しくこちらに越してきたものです。**以後お見知りおきを**」

という情報を糞尿（なかに含まれるホルモンも含めたさまざまな生体化学物質）にこめる。

また、少年から青年になった雄が元気に糞尿をすることによって、

「そろそろいっぱしの雄になってきました。**お嫁さんを募集します**」

といった情報を発する。

そして、そのニオイを嗅いだ個体は、その情報を受けとり、以後のつきあいに反映させる、といった具合

自分の糞と他個体の糞の識別をしているタヌキ

である。

私は、鳥取駅前通りのサインをいろいろ見ていくうちに、それらは、（ヒグマやリカオンの縄張りニオイづけよりもむしろ）**タヌキの「溜め糞でのニオイづけ」に近いものではないか**と思うようになってきた。

人びとが多く通る場所で、

「この場所はおれのなじみの場所なんだ。おれはここにいるんだ」

とアピールしているのではないかと。そしてその心理の奥には、

「おれを認めてくれ、おれを知ってくれ」

という、大人社会に入りつつある若い男性の、大人や同年代の同性、異性に向けたアピールがあるのではないだろうか。

以上の推察が真理の一部をついているという前提のもとに、最後に、サインの作者たちにお願いしたい。

地域の大人社会の一員になるためには、地域の共同体のなかで自分なりの役割を果たすよう

になることが必要だ。

狩猟採集の生活のなかでは、若い個体が部族社会のなかで認められるようになるためには、勇気や判断力、責任感といった資質も備えている必要があった。だから、たいていの狩猟採集社会の部族ではそれらの資質を試し、育てるための、いわゆる〝通過儀礼〟という儀式を行なってきたのである。

駅前地域でサインを書いて自分をアピールしたいという思いを、共同体の皆が「よくやった」と思えるような行動に結びつけてほしい。

それは、芸術分野の作品の制作であってもいい。イベントの企画、参加であってもいい。

そして、鳥取を、皆がうれしく感じられるような地域にしようではないか。

餌は目で、
ヘビはニオイで察知する
ヤギ部のヤギコ

Iくん・Nくんの野望と私の密かな実験

私が勤める鳥取環境大学には、ヤギ部というユニークな部がある。

私が顧問をしている。

私は密かに、ヤギ部のヤギ三頭を使って、いくつかの実験をしている。それらの実験のなかで、今、成果をお話しできるものが二つある。

一つは、「ヤギはどのようにして餌、特に緑の植物を見つけているのか」に関する発見である。この発見は、もともと、「ヤギが餌の場所をどれくらい覚えていられるか」という問題を調べていて、偶然わかったことである。

ヤギはどのようにして餌、特に緑の植物を見つけているのか?

哺乳類の習性を知っている人なら、多くの人は、「それは、植物からのニオイが一番重要だろう」と答えるだろう。

私も最初はそう考えていた。ところが実際にはそうではないのである。

つまり、ニオイより、植物からの視覚的な情報のほうがずっと重要らしいのである。

たとえば、彼らが好きなスダジイ(シイの種類に属する樹木)の葉(枝についたままで二〇

餌は目で、ヘビはニオイで察知するヤギ部のヤギコ

レトロなヤギ小屋と２頭のシバヤギ
今、Ｎくんたちは柵をキャンパスの津々浦々まで広げようとしている

枚ほど）を、一方は透明の、密閉できる約三〇センチ四方の箱に入れ、他方は、ほぼ同じ大きさで、目の小さい金網でつくられた箱に入れる。金網の箱では、空気の出入りは自由だが、網の目が小さいので、なかに入っているものの姿はほとんど見えない。

そして、スダジイの葉を入れたこれらの二つの箱を、四〇センチほど離してヤギに提示する。するとヤギは、私の行動から餌がもらえることを察知し、勢いよく箱のほうへ行くのであるが、きまって顔を近づけるのは、前者の箱。つまり、透明で空気の出入りのない箱のほうである。

三頭のヤギ、すべてがそうである。

もちろんいくら顔（鼻）を近づけても、木の葉は箱のなかに入っているので、触れることはできないのだが、なかなかあきらめようとしない。

比較的近く（約四〇センチ）には金網の箱がある。そちらからは、網の目を通してスダジイのニオイが拡散していると思われるのだが、金網の箱のほうへは行こうとはしない。

では、スダジイの葉を入れた透明の箱と、同じくスダジイの葉を入れた金網の箱とを、それぞれ、単独に、ヤギに提示してみたらどうなるか。

透明の箱には寄ってきて葉を食べようとするのだが、金網の箱には、寄ってこようとしない。

あまり関心を示さないのである。

さて、以上の結果は、ヤギの餌認識に関してどんなことを物語っているのだろうか。

もちろん、透明な箱のなかのスダジイに近寄った理由は、次のように説明できる。

ヤギたちは、時々、部員たちからスダジイの葉をもらっているから、その色合いも含めた形態を覚えている可能性は高い。(岸上裕子さんは鹿児島大学の卒業論文でヤギも色を識別することができることを明らかにしている。)

したがって、透明な箱のなかのスダジイの葉を見て、それにひかれて近寄り、食べようとした。

しかし、それは、ヤギの餌認識に関して、半分は説明しているが半分は説明していない。

というのは、ヤギはすぐれた嗅覚の持ち主でもあり、たとえば、自分の糞のニオイと、ほかのヤギの糞のニオイを識別することができる。(それは以前、ヤギ部の部員といっしょに行なった実験でわかっている。)

だからヤギたちは、スダジイの葉を食べるときに、スダジイの葉のニオイも学習できるはずである。にもかかわらず、金網に入ったスダジイ、つまり、ニオイだけで姿が見えないものには、反応しないのである。

二種類の箱を並べる実験は、箱のなかに、それまでヤギに与えたことがない（大学の敷地内には見られない）クワの葉を入れて行なったこともある。

結果は、スダジイの場合と同じであった。

透明な、密閉した箱に入れられたクワの葉に、ヤギは寄ってくるのである。

ヤギは、はじめて見る植物であっても、ある程度は見た目で推察して、餌になりえるものかどうか判断しているらしい。

私は、この、**予想に反した結果が気に入っている。**

私の現在の（期待もこめた）推察は以下のとおりである。

ヤギの脳は、餌認識に関しては、「見えないもの＝存在しないもの」と判断しやすいクセをもっているのではないか。おそらく、ヤギの本来の生息環境においては、そのほうが適応的なのではないか。（この点に関しては、後でまた少し詳しく説明する。）

この発見はまだ正式な場で発表はしていない。

その理由の一つは、**実験個体の数が少なすぎる、**ということである。鳥取環境大学のヤギ部のヤギは現在三頭なのである。

もう一つの実験的な発見は、餌の認知の問題よりもっと面白い（と私は感じている）。その発見も、お調子者で地道な努力が嫌いな、私ならではの行動がきっかけであった。

私は今、大学で、シマリスとアカネズミのヘビに対する行動を調べている。シマリスのヘビに対する行動の研究は、途中の中断もあったが、かれこれ三〇年近くなる。最近はあまりぱっとした結果が出ていないが、興味はつきないので、細々とではあるが続けている。（それについてはまた別の章でゆっくりお話ししたい。）

アカネズミのヘビに対する行動の研究は、二年ほど前から始めたのだが、しばしば退屈になって、中断することが多い。（その研究自体は、これまで誰も行なってこなかったものであり、アカネズミの生態を理解するうえで価値あるものであることは確かなのだが。）

アカネズミの研究では、ヘビ（アオダイショウ）と、比較のためにカメ（クサガメ）を、いろいろな状態でアカネズミに提示して、反応をビデオカメラで記録し、後で解析している。

彼らのヘビに対する行動は、二〇年近くも前に、ハツカネズミやスナネズミ、ゴールデンハムスターなどで調べた、対ヘビ行動と大体同じであった。（ちなみに、それらのげっ歯類もそうであったが、アカネズミもカメとヘビは識別しているようで、ヘビにしか行なわない反応をする。）

一つだけ驚いたのは、アカネズミが外出しているときに、ヘビが巣穴のなかに侵入し、巣のなかの〝部屋〟に潜んでいるという状態を実験室でつくり出し、もどってきたアカネズミがどうするかを調べたときのことだった。

実験室のなかに設置したビデオカメラで記録した映像を見ていたら、なんと、あるアカネズミは、巣穴の出入り口に顔を入れた後、すぐに後ろへとびのき、巣穴の出入り口を土で埋めはじめたのである。

そういう面白い発見もたまにはあるが（それらの一連の研究は論文にして発表した）、大体は、長時間、ビデオとにらめっこする地道な作業の繰り返しである。

そんなとき、私のなかのいたずら心が頭をもたげた。

アオダイショウとクサガメを、あのヤギたちに見せたらヤギはどうするだろうか。

何か面白いことをしてはくれないだろうか？

〝思ったらすぐやる〟

それが私の研究上の信念である。（ほんとうは、単に、がまんすることができないだけのこ

海の寄生・共生生物図鑑

海を支える小さなモンスター

星野修＋齋藤暢宏［著］ 長澤和也［編著］

1600円＋税

水族寄生生物をはじめとするユニークな生き物たちをオールカラーで紹介。

野生ミツバチとの遊び方

トーマス・シーリー［著］ 小山重郎［訳］

2400円＋税

ミツバチ研究の第一人者が、ミツバチを追いかける「ハチ狩り」のノウハウを大公開。ハチ狩りの面白さと醍醐味を伝える。

天然アユの本

高橋勇夫＋東健作［著］

◎2刷　2000円＋税

天然アユを増やすため、豊かな川を取り戻すために何ができるか、答えを見出すヒントがこの本に。

生物界をつくった微生物

ニコラス・マネー［著］ 小川真［訳］

◎4刷　2400円＋税

原核生物や菌類、バクテリア、古細菌、ウイルスなど、その際立った働きを紹介しながら、驚くべき生物の世界へ導く。

《地球・地質の本》

地底　地球深部探求の歴史

D・ホワイトハウス［著］ 江口あとか［訳］

2700円＋税

人類は地球の内部をどのように捉えてきたのか。地球と宇宙、生命進化の謎が詰まった地表から内核まで6000 kmの探求の旅。

日本の土　地質学が明かす黒土と縄文文化

山野井徹［著］ ◎4刷　2300円＋税

火山灰土と考えられてきたクロボク土は、縄文人が1万年をかけて作り出した文化遺産だった。日本列島の形成から表土の成長まで、考古学、土壌学を交えて解説する。

価格は、本体価格に別途消費税がかかります。価格・刷数は2017年1月現在のものです。

総合図書目録進呈します。ご請求は小社営業部（tel:03-3542-3731　fax:03-3541-5799）まで

とであるが。）

早速、アオダイショウとクサガメを持って、ヤギの放牧場へ行った。

哀れ、アオダイショウとクサガメは、青色のビニールの網袋に入れられて丸められ、なかでほとんど動けない状態にされていた。

ちなみに、アオダイショウは長年（四年間ほど）私に飼われてきた親しいヘビで、「アオ」という立派な名前もつけられていた。

クサガメのほうは、鳥取市内の、ある公園から借りてきたものだった。

二匹には申し訳なかったのであるが、しばし、網袋のなかでがまんしてもらった。

それまでにもいろいろな実験につきあってもらってきたアオは、網袋のなかで、**「またかよ」**とでも言いたげな表情をしていた。

さて、放牧場に着くと、ヤギが小屋の出入り口から離れているのを見計らい、まずアオダイショウを、小屋の入り口付近に置いた。

ちなみに、一番最初に実験したヤギは、七年間ほど親しくしてきたヤギで、名前はヤギコという。（部員たちがつけた名前である。）

私を親のように慕っていたが、最近は、年老いた親を叱る成長した子どものように、少し私に対する尊敬心を低下させている感があった。

こそこそと小屋の出入り口に何かを置いている私を、**疑惑の目で眺めていた。**

やがて、ヤギコは、私のほうへ歩み寄ってきた。

私は、いたずらをしている子どものような後ろめたさを感じつつ、その場から離れ、様子をうかがった。

ヤギコは、ヘビまで二メートルほどに近づいたところで、小屋の出入り口にある青い見なれないものに気がついたようで、警戒した様子で青い網袋のかたまりに顔を向けた。

そして、ゆっくり近づいていった。

いよいよアオダイショウの入っている網袋に鼻をつけたかと思うと、体に電気ショックが走ったかのように、突然、身を引き、体をひるがえして、柵の反対側へ走って逃げていった。

その後も、離れた場所から、かなり警戒した様子で、ヘビのほうを見ているではないか！

私はあっけにとられた。

そして、**これは面白い、**と思った。

餌は目で、ヘビはニオイで察知するヤギ部のヤギコ

興味津々で網袋のニオイを嗅ぐヤギコ

突然雷に打たれたように後方へのけぞる

遠くからヘビの様子を怖そうにうかがう

その日はもう提示実験はやめ、一日後にクサガメを、ヘビを入れたのと同じ青いビニールの網袋に入れ（網袋は、ヘビを入れたときと同じくらいの大きさになった）、ヤギコに提示した。しかし、ヤギコには、ヘビを提示したときのような怖がる行動は見られなかった。網袋のなかで、ヘビは、球形状態になって、ほとんど動くことはできないし、何重かに重なった網でさえぎられて、ヤギコの目はヘビの姿をほとんど認識することはできなかったと思われる。カメについても状況は同じである。

したがって、ヤギコは、ヘビの〝ニオイ〟に反応して、あれだけの忌避反応を示したと考えられる。

七年間ヤギコをよく知っている私の記憶によれば、それまでにヤギコがヘビと遭遇したことは一度もなかった。

ということは、生まれてから七年間、作動したことがなかったヤギコの脳内の、対ヘビ認知回路が、ヘビのニオイを嗅ぐことによって、急速に活性化したということだろうか。

（ほとんどのヘビは、体を強く押さえられたときなどに肛門分泌腺から、刺激臭のニオイ物質を出すことが知られている。アオダイショウのそれは、特に強いニオイであり、ヤギコは、へビの体表からのニオイに加え、肛門分泌腺からのニオイも嗅いだと思われる。）

詳しい状況は省略するが、ヤギコの次に、ほかの二頭のヤギでも同じような、ヘビと出会わせる実験を行なったが、ヤギコと同様な、忌避的な反応が見られた。

もしほんとうに、ヤギという動物が、ヘビに対して特異的に強い忌避反応を示すのであれば、それ自体、大変興味深い結果である。**なぜヤギはヘビをそんなに怖がるのか**という疑問もわいてくる。

また、先にお話しした、植物に対する餌認識の特性と比較すると、別な意味からも興味深い。というのは、餌としての**植物の認知は視覚が主役**のようであったが、**ヘビに対する認知は、なぜニオイが主役なのか**、という疑問がわいてくるからである。

これらの疑問に対して、私は現時点では以下のような仮説を考えている。

ヤギは、もともと、その形態や行動から判断して（たとえば、岩を噛むような蹄の形や斜面を利用した角突き行動など）、乾燥した岩場に適応した祖先種を家畜化して生まれた動物だと思われる。

そして、そういった場所では、たいてい、緑の植物は多くなく、散在しており、一方、毒ヘビも含めたヘビ類は比較的多く生息している。たとえば、北アメリカやアフリカの乾燥地帯などではそうである。

そういった環境に適応した祖先種の脳の遺伝子を、家畜化されたヤギも引きついでいるとしたら、緑の葉は、離れたところからでも、視覚で発見し、近づいていったほうが有利だったのかもしれない。

一方、ヘビは、基本的に視覚では見つけにくい形や色をしていることが多い。たとえば北アメリカのアリゾナの岩場に生息するガラガラヘビは、獲物を襲ったり、天敵から逃れたりするのに有利なように、地面の色とよく似た色をしている。そして、そもそもヘビは、体をのばしたり、とぐろを巻いたりして、形態が一定していない。また、物陰にじっとして隠れていることも多く、いずれにしろ、視覚での発見は難しい場合が多いと予想される。したがって、ヘビの認識は、ニオイに頼るほうが有利だったのかもしれない。

こんな仮説を考えているのであるが、なにせ、三頭の結果しか得ることができないので、信憑性は十分とは言えず、正式な発表は控えている。

どこか近くで、ヤギを使った実験を自由にやらせてもらえるところはないか、目下の私の悩みである。

さて、こういった私の悩みに大いに関係するのであるが、鳥取環境大学の二年生には、ヤギに関して、大いなる野望をもった学生が二人いる。

ヤギ部の部長のNくんと、TUES村の部長のIくんである。

TUESというのは鳥取環境大学の略称であり、TUES村というのは、大学の敷地内に、家と畑と水場を備え、家畜が自由に動きまわる〝村〟をつくろうと、Iくんを中心にしてつくられた大学のサークルである。

無農薬有機肥料使用はもちろん、持続可能な循環型の村づくりをしたいという。

鳥取環境大学には、一、二年生のときに、プロジェクト研究という授業がある。各々の教員が研究テーマを提示し、学生が、自分がやりたいと思ったテーマに手をあげて、約四カ月間、そのテーマについて調査・研究をするのである。

NくんとIくんは、一年生の最初のプロジェクト研究で、私が提示した「鳥取環境大学里山再生プロジェクト――大学林にカスミサンショウウオとアカハライモリの生息地を再生しよう」というテーマに手をあげた学生のうちの二人である。

二人とも関西出身で、それでいて（？）非常に物腰が柔らかく、誠実そうに見えるという共通点はあるものの、それぞれ、かなり個性的である。

Nくんは、身長が高く、冷静で、女の子にもてそうなタイプである。

Iくんは飄々としていて、それでいて皆を巧みにまとめていく稀有な才能をもっている。


さて、**この二人の野望**というのは、

〝TUES村を大学の敷地のなかにどんどん広げていき、そこにヤギをたくさん放し、キャンパスのそこらじゅうにヤギや畑が見えるようにしたい〟

ということらしい。

大きな声では言えないのであるが、実は私は、二人の野望に大賛成であり、そのための協力は惜しまない覚悟でいる。

「どうせなら緑化された**校舎の屋上にもヤギ**や畑を」

と、それとなくささやいている。

そうすれば、大学林に生息するさまざまな野生生物と、すでにキャンパス内に設置されている太陽光発電機や風力発電機などのエコ施設と、ヤギや畑で代表される里地が融合した、未来型の地域モデルが大学のなかにできあがることになる。

大学には、エコキャンパス委員会という、教員と学生で構成される委員会がある。大学内に新しく何かを設置する場合には、その委員会で許可を得なければならない。

先日も、ヤギ部とＴＵＥＳ村の意向をうけて、両方のサークルの顧問になっている私が、委員会に出席した。

ヤギの放牧用の柵を、ＴＵＥＳ村と融合させるような形で、大幅に拡張したいので許可を得たい、と申請した。

いろいろな質問にうまく答え（その先にある野望を悟られないように）、申請は許可された。

今後ともこの二人を中心にした、両サークルの野望をかなえるべく、なんとかエコ委員会をうまくごまかしながら、少しずつ少しずつ、前進していきたい。

キャンパス内に徐々につくられていくTUES村。周囲は竹の柵で囲まれている

そうすることが、私の、ヤギを使った実験の、「実験個体数の増加」にもつながるわけである。

「実験個体数の増加」はさておき、大学の正門を入ると、周辺に豊かな自然林が見え、キャンパスには、緑地に放牧されたヤギ、その合間に木々や畑、そして風車や太陽光発電パネルが見える。

学生にとっても訪問者にとっても、そんな大学の景観は、なかなか素敵だと思う。

よく見ると、少し怪しげな人物が、なかに何かが入った青いビニール袋を、ヤギの近くに置くような怪しげな行動をとっている。

まーそれくらいは大目にみてもらおう。

飼育箱を脱走して
45日間生きぬいたヘビの話

何がヘビを救ったか？

ヘビは、人間も含めた多くの動物に怖がられている動物である。

高所恐怖症、閉所恐怖症などと並んで、人間には**ヘビ恐怖症**という恐怖症も知られている。それは世界中のどの地域の人間にも見られる。何十万年、何百万年と続いた狩猟採集生活のなかで、毒ヘビを中心としたヘビ類は、人類の命を脅かす大きな脅威の一つだったのだろう。

こんなイントロから入っておきながら、はなはだ心苦しいのだが、大学の私の研究室には「アオ」という名前の雄のヘビが飼われている。

人事のように言ってはいけない。

私は、大学の研究室で、アオという名前の雄のヘビを、飼っている。

アオダイショウという種類のヘビで、頭から尻尾の先までの長さが約一二八センチ、アオダイショウのなかでは中くらいの大きさである。

アオは、大学の裏山で捕獲されたヘビであるが、これまでいろいろな実験に協力してもらっている。〝協力〟はもう、四年近くになる。

例をあげると、シマリスと出会わされたり、アカネズミと出会わされたり、ヤギと出会わされたり、最近では人間と出会わされたりもしている。

「人間と出会わされた」というのは、正確に言えば、アオそのものではなく、パソコンのディスプレイに映し出されたアオの写真である。

つまりこういうことである。

アメリカの心理学者ロブー氏たちは、最近、人間の脳内には、瞬時にヘビを見つけ出す回路が存在することを示す研究結果を発表している。

ロブー氏たちがとった方法は、以下のようなものである。

まず、パソコンのディスプレイに三×三の九つのマス目をつくり、どこか一つのマス目にヘビの写真、ほかの八つのマス目一つひとつに花の写真、という画面を制作した。

次に、ディスプレイ上の九つのマス目の一つに花の写真、ほかの八つのマス目一つひとつにヘビの写真、

もう４年近く私の実験の手伝いをしてくれているアオダイショウのアオ

という画面を制作した。

そしてこれら二種類の画面を、ランダムな順序で、就学前の子どもたち（三～五歳）や、その子どもたちの親に見せ、〝花のなかのヘビ〟と〝ヘビのなかの花〟のどちらをより早く見つけ出すか、時間を計った。

また、〝ヘビ〟はそのままにしておいて、〝花〟のかわりに、〝カエル〟や〝ケムシ〟をマス目に入れた画面も制作し、〝花〟の場合と同様の実験を行なった。

その結果、子どもも大人も、〝ヘビ〟のほうをより早く発見し、さらに、発見の早さは、子どもと大人で違わないことを見出した。

実験に使ったパソコン画面上の写真

つまり、人間は、ヘビとの接触の度合いに関係なく、**ヘビ（の姿）に対しては特に敏感に反応する回路**を脳内に備えているというのである。

簡単で面白い実験であり、いろいろな方向に発展させることができる実験なので、卒業研究で誰かやらないかなと思い、まず、私自身が予備的に実験を再現してみた。

アオの写真と（そのほか、図鑑からも何枚かヘビの写真を拝借し）、花の写真を使って、ロブー氏たちと同じ画面をつくり、三人の学生に被験者になってもらった。学生が、画面を見てから、各々のマス目に指で触れるまでの時間を計った。

なるほど！

ロブー氏たちの言うように、ヘビはほんとうに見つけられやすいのだ。

被験者の一人は、自称ヘビ恐怖症で、ディスプレイ上のヘビでさえ怖がった。

実験の概要を説明して協力を頼むと、「まじっすかー」と言いながら、「まーいいから、いいから」と私に引きずられるようにして実験の席に着いた。

そして、まさに**瞬時にディスプレイ上のヘビを見つけた。**見事と言うほかない。

私は面白いと思うのだが、今のところ、この研究を勧めても、「やりたい」と言う学生は一人もいない。**面白いのに……。**

アオの、シマリスやアカネズミ、ヤギとの〝出会い〟（これらは写真ではなく本物との出会い）も前章で少しのべたが、なかなか衝撃的だった。

アオには（シマリスにもアカネズミにもヤギにも、そして学生諸君にも）、いろいろと大変な目にあわせて申し訳ないと思っているが、とても役に立ってもらってきた。


アオは、たまに（年に一〜二回ほど）飼育容器から脱走する。

理由は、私が飼育容器の蓋をしっかり閉めるのを忘れるからである。

しかし、これまでの五回ほどの脱出では、いつも数日後に私に見つかっている。

あるときは、研究室に来て、窓の前に立ち、ブラインドを開けたら、アオが窓の棚のところでとぐろを巻いてこちらを睨《にら》んでいた。読者の方も、一度、経験してみていただきたい。心臓が止まりそうになる。

またあるときは、ハムスターが逃げた日にアオも逃げ、ハムスターがアオに食べられると心配した。急いで、まず、ハムスターを保護しようと思い、四面がアルミでできた箱型のトラップを仕掛けたら、トラップに入っていたのは、アオだった。

野外でアカネズミを捕獲するときによく使用していたトラップだったので、トラップに残るアカネズミの匂いにアオがおびき寄せられたのではないかと思っている。

もちろん、アオには、私が餌をやっている。なるべくほかの動物を犠牲にしないようにと試行錯誤で考え出した方法は、ニワトリの肉である。スーパーで買ってきた鶏肉を、少しずつ切りとって、一週間に一度、与えている。与えているといっても、ヘビは自分からは、動かない肉は食べないので、私がアオの口を開いて、鶏肉一切れを喉の奥に押しこんでやる。(いつもは冷凍している肉を、与える前に熱湯で解凍する。)

この給餌を嫌がっていたアオも、何度も続けていると、アオの首をつかんで肉を近づけると、自分から口をあけるようになった。

アオは、飼育容器のなかでも、私を驚かすような行動を見せてくれる。あるときは、夏で研究室のなかも暑かったのだろう。餌をやろうと蓋をあけると容器のなかにアオの姿が見えない。

いつもは、隠れが用の板の下に入っていても、板の下に尾とか胴体の一部が見えるのであるが、そのときはまったく見えなかった。

また逃げたのか、と心配したが、板を持ち上げると、アオは、板の下に置いてある水入れのなかで、とぐろを巻いて入浴していた。

風呂としては、水入れが小さかったのだろう。でも、体をうまく巻いて、水入れのなかにすっぽり入っている姿には驚いた。

「湯加減はどうだい？」と聞いてやった。

この後アオは、頭から尻尾まで、きれいにつながった見事な脱皮殻を残す脱皮をした。ひょっとすると、入浴は、脱皮のために、皮をやわらかくする意味もあったのかもしれない。


そういえば、私の研究室の入り口には、時々、箱やビニール袋に入った〝贈り物〟が置いてあることがあ

入浴中のアオ。湯加減はどうだい？

る。

その贈り物には、「脱走イモリ在中」とか、「山で見つけました」（中身は虹色のきれいな玉虫の羽）、「山の幸」（モズが枯れ木の枝に刺した干からびたトカゲ、いわゆるモズのはやにえ）とかいったメモがつけられている。

そのなかに、「大学の裏山で見つけました。よかったらどうぞ」というメモが貼りつけられたビニール袋があった。何だろうと思ってなかを見たら、頭から尾の先まで続いた、アオダイショウの見事な脱皮殻であった。

実のところ、アオも定期的に、立派な脱皮殻を提供してくれているし、物自体については、「今のところ足りています」という感じであった。

しかし、山でそれを発見して、小林に持っていってやろう、と思った学生の心がうれしいではないか。

それはメモごと大事に研究室のある場所に保存してある。場所は内緒だ。

さて、大晦日も近づいたある冬の日だった。

十分注意しているつもりだったのだけれど（私の〝注意〟は言葉だけ、といつも妻に言われているが）、餌を与えた後、蓋の閉め方が甘かったらしい。次の日出勤してみると、蓋がわずかに斜めにずれていて、容器のなかから**アオがいなくなっていた**。

悪い予感がした。

なにせ冬である。もちろん、外ほどは寒くないが、それでも部屋のなかも寒い。それに乾燥している。

部屋が寒くないのであれば、今までのようにアオも研究室のなかを動きまわるので、私と出会う可能性は高いのである。（脱走したアオには、これまで、ブラインドの後ろやトラップのなか以外には、机の上とか、本棚に沿った床の隅などで出会ってきた。）

しかし、寒いとヘビも動きが鈍くなって、どこかにとどまることが多い。それが自然のなかの、石の下の穴だとか、アカネズミの巣穴などであればよいのだが、研究室のように乾燥している場所だったらどうなるか……。

脱走してから五日目くらいの一二月三一日も見つからなかった。

年が明けた一月三日も見つからなかった。

そしてその次の日も、次の日も……。

いよいよ一月も見つからないまま終わった。

もちろんその間、調べられるところは調べた。床にはいつくばって、懐中電灯でスチール戸棚の隙間を見たり、本棚の本の間を調べたり。しかし、限界があるのだ。研究室のなかには動物が隠れる場所は、限りなくあるのだ。

私は一月半ばくらいで、かなりあきらめていた。

干からびたかわいそうなアオが、本棚の後ろで横たわっているのを想像したりしていた。アオの顔も浮かんできた。私がふがいないばかりに……。

そして、二月八日のことである。

夜の一〇時くらいに、研究室で机に向かって仕事をしていたら、机の左端に置いてある「箱庭里山」のほうで、**カサカサ、**という音がした。

ここで少し、「箱庭里山」について説明しておこう。

箱庭里山というのは、私が自然体験型の環境教育を考えるなかで思いついた、一つの実践的なコンセプトである。

われわれ大人は、子どもたちに自然環境の大切さを伝えるとき、生態系という言葉を使うことがある。

生態系という言葉によって、次のような内容を伝えようとする。
「地球上では、物質（炭素も窒素も）は、大気や水中→植物→動物→微生物→大気や水中→植物というサイクルをつくって循環しており、そのサイクルが回るから、大気や水中、植物集団のなか、動物集団のなかなど、各々の場所での炭素や窒素の量が一定に保たれる」

しかしこの内容は、子どもたちにとって（大人たちにとっても）、なかなか実感をもって理解しにくい。

その理由の一つは、生態系は大きすぎて一目で見ることはできず、たとえば、子どもたちが森に行っても、生態系というサイクルの一端（木々だとか土壌だとか）しか直接的には見ることができないからである。

そこで私が思いついたのが、ミクロの生態系を、自分の手でつくる作業である。

子どもが抱えることができる程度の大きさの容器のなかに、（石や木を使って）丘をつくり、（竹やプラスチック容器を使って）池やくぼ地をつくり、そのなかに、木々（コナラやクヌギ）や草を茂らせ、小さな動物（ダンゴムシやワラジムシやミズムシなど）を棲まわせるのである。もちろん森の腐葉層も入れる。そして時々、ジョウロで水をやる（雨を降らせる）。すると水は地面にしみこみ、池にも流れこむ。

動物たちは、木々から地面に落ちた葉などを食べる。水のなかに落ちた葉は、ミズムシなどの餌になる。池のそばには、木でつくったベンチや家を置いてもよい。

そうしてできた生態系の景観は、里山、里地、里川とよばれる。題して、「箱庭里山」である。

そもそも、人間は、風景のミニチュアをつくるのが大好きである。そのような箱庭と、生態系内の物質の循環が想像できるような里山とを合体させたのが、私が考えた箱庭里山のコンセプトである。


学生たちといっしょに、大学の林で行なった自然教室で、箱庭里山を子どもたちにつくってもらったことがある。子どもたちは林から、土や石、幼木、草などを取ってきて、思い思いの箱庭里山をつくっていった。

学生たちも私もいっしょにつくり、私は、あるときつくった箱庭里山の一つを研究室に置いた。それから四、五年がたち、研究室の、五〇センチ四方ほどの小宇宙「箱庭里山」は少しずつ景観を変えながら、物質の循環を続けている。

さて、アオの話にもどるが、夜、研究室で仕事をしていた私の耳に聞こえてきた、カサカサという音は、その、四、五年前から研究室の机の上に置いてある箱庭里山のほうからであった。私が緊張して、箱庭里山のほうを見ると、丘のクヌギの根元あたりにヘビの体のようなものが見えた。

私は急いで立ち上がり、里山をのぞいた。

すると、ヘビの尾がだんだんと箱庭里山を入れている容器の下に吸いこまれていった。瞬時にすべてを理解した聡明な私は、電光石火の動作で尾をつかもうとしたが間にあわなかった。

アオの命を救うのは今しかない。

私は、ヘラクレスのように箱庭里山を持ち上げた。——そこで見たものは、とぐろを巻いてこちらを睨んでいるアオの姿だった。

箱庭里山は、机にぺったりと置いてあったのではなく、まず両側に、分厚い理科機器のカタログの本をつみ、そこに橋をかけるように置いていたのである。

さらに、箱庭里山は、机の左側の壁に接して置かれていたので、里山の下には、左右二面を

私が提案する「箱庭里山」。
盆栽とも山野草の寄せ植えとも違う。箱庭里山の本質は“生態系”

カタログ本に、後ろ面を壁に囲まれた、ヘビが隠れるのに適度な大きさの空間ができていたのだ。

その地下空間は、私が時々里山に雨を降らすときに水がこぼれることがあったためであろう、少し湿っていた。

アオはそこを、おそらく一カ月以上棲みかにしていたのだと思う。

私が部屋で音を立てているときは里山の地下の棲みかに潜んでおり、私がいなくなる夜などに、そこから出てきては、里山の池で水を飲み、里山でくつろいでいたのだろう。

地下棲みかは、空間の大きさといい、湿り気といい、すぐ上の緑といい、棲みかとしてはよい場所だったに違いない。

ただし、食べ物以外は。

研究室の窓際の箱庭里山の“地下”で45日間も生きのびていたアオ

一カ月半近くアオは餌を食べていなかったのだ。アオが脱走していた期間、研究室には、アカネズミもハムスターもシマリスもいなかった。アカハライモリも脱走はしていなかった。かなり腹が減っていたに違いない。

しかし、見た目には元気そうに見えた。肌の艶といい、顔つきといい、元気そうに見えた。こちらを睨んでいるアオを見ていると、よく元気でいてくれた、という思いと同時に、「箱庭里山がアオを守ってくれた！」という思いがわいてきた。

アオも野生生物としての本分を如何なく発揮し、乾燥した部屋のなかをさまよいながら、緑のある場所に近づいていったのだと思う。

砂漠をさまよって、緑のオアシスにたどり着いたようなものである。

アオの命を救った箱庭里山はこんなふうに置かれている

ヘビも人間と同じように緑を好むのである。

「アオ、よかったな」と声をかけて首をつかみ、一カ月半住みなれた場所から、四、五年間住みなれたもとの飼育容器のなかへもどしてやった。

蓋を閉めるときにはくれぐれも注意しようと思いながら、急いで冷凍の鶏肉を湯で温め、アオの餌を準備した。

肉をアオの鼻先に持っていくと、アオは、大きな口をあけてとびついてきた。

よほど腹が減っていたのだろう。

もちろんだ。

しかし、箱庭里山に守られ、精神だけは弱らずにいたのだろう。

なにか、いい話だと私はしみじみ思うのである。

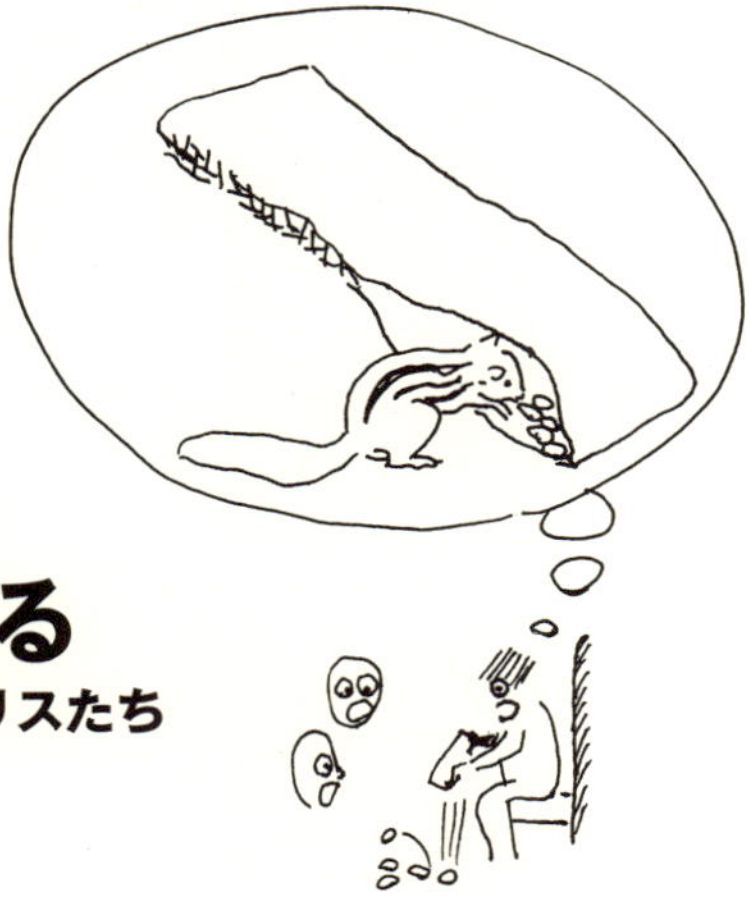

シマリスは、ヘビの頭をかじる

私が出会った愛すべきシマリスたち

二〇〇七年一二月二二日の朝日新聞夕刊に、「敵のにおいで身を守れ　リスの『擬臭』米大学研究」という見出しで、ある記事が掲載されていた。

米カリフォルニア州に棲むリスが、ガラガラヘビの皮をかじって自分の体に塗りつけ、ヘビに「擬臭」し、襲撃をうけにくくして身を守っていることがわかった、という内容であった。カリフォルニア大学のバーバラ・クラカスさんの研究によると紹介されていた。

さて、クラカスさんが発見した、リスがヘビのニオイを自分の体に塗りつけるという行動は、実は、私は二〇年近くも前に、シマリスで発見していた。（自慢話になるのだが）国際学会でも発表し、当時大変な注目を浴びたのだ（!）。

論文も書いた。論文の別刷り（雑誌から、その論文の部分だけを抜きとって冊子にしたもの）の請求も、三〇〇通近くきた。アメリカやイギリスで出版された本でも、新しいタイプの防衛行動として多く取り上げられた。

ただし、その行動の研究はもちろんそれで終わったわけではない。その行動の詳細も含めて、シマリスの防衛行動には、わからないことがたくさんある。だからシマリスとのつきあいは今でも続いている。

ヘビのニオイを塗りつける行動の発見も含めて、わが愛すべきシマリスたちについて少し話をさせていただきたい。

そのとき大学生だった私は、韓国の、いわゆる三八度線（北朝鮮との国境線）に近い京畿《きょんぎ》道《どう》の山中にいた。

ところどころに、コンクリートの壁で囲まれた二メートル四方の建造物が、斜面に埋めこまれるように存在していた。戦闘のためのシェルターだろう。

少し山を下りると、小さな寺のような古い建物が、森のくぼ地のような場所に突然現われたり、土を盛った、韓国特有のお墓が、山の中腹にひっそりたたずんでいたり……、森のなかでは、生物以外にも興味深い人工物にたくさん出会った。

そんな山のなかで私がやっていたことは、シマリスの調査である。

調査の目的の一つは、そのあたりに生息しているシマリス（日本に生息しているシマリスや朝鮮、ロシアに生息しているシマリスも全部、シベリアシマリス *Eutamias sibiricus* という一種類のシマリスである）が、ヘビに対してどんな行動をとるかを調べることだった。

詳しい経過は省略するが、私は日本で、シマリスがヘビに対してモビングという行動を行なうことを見出していた。

モビングというのは、「動物が、自分の捕食者である動物に出会ったとき、さっさと逃げてしまうのではなく、むしろ自分のほうから捕食者に近づいていき、一定の距離を保って、警戒的な動作を繰り返す」という行動である。

つまり、**最大限の注意を払いながら、捕食者にまとわりつく**のである。

たとえば、ヘビに出会ったシマリスの場合、自分のほうからヘビに近づいていき、毛を立てて〝膨張した〟尾を大きく揺らしたり、人が地団太を踏むように、足で地面を踏み鳴らしたり、時々、ヘビのほうを向いてピチッと鳴いたりするのである。

ただし、このようなシマリスのヘビに対するモビングは、野外につくった大きな囲い（一五メートル×一

草むらのなかにシマヘビを発見して、警戒し
尾の毛を立てて左右に振っているシマリス

五メートル×高さ二メートル）のなかで、放し飼いにしていたシマリスで確認した行動であり、野生のシマリスではまだ確認していなかった。そんなとき、シマリスがたくさん生息する韓国の森へ行く機会を、当時、いろいろと親切にしていただいていた岡山大学の猪俣伸道先生が与えてくださったのだ。

さて、このような、ヘビに対するシマリスの行動を調べるためには、まず、シマリスが比較的高密度で生息する地域を見つける必要があった。

猪俣先生の知りあいの、またその知りあいで、韓国での調査を援助していただいた京畿道直《ち》洞里光陵《どんくあんめう》林業試験場の禹《う》博士から教えてもらった情報は正確だった。

禹博士から教えてもらった森に入ってすぐ、私は、木のこずえで、シッシッシッと鳴いている雌のシマリスを見つけた。繁殖期に特有の鳴き声だった。

それから二日ほど山を歩きまわり、山の中腹の小川のそばに理想的な場所を見つけた。小川の周囲は、開けていて下草も少なく、そこをシマリスが頻繁に行き来していた。

シマリスにヘビを出会わせる場所は決まった。

次は、ヘビを見つけて捕獲しなければならない。

偶然ヘビと出会うことはよくあるが、いざ、こちらが積極的に見つけようとするとなかなか見つからないことが多い。けれど、このときはすぐにヘビが見つかった。日本のアオダイショウに似たヘビであった。すぐに捕獲し、ザックのなかに準備していた麻酔用の溶液を注射して動きを止めた。勇んで〝理想的な場所〟にもどり、倒木のそばに置いた。

準備OKだ。近くの木の陰に隠れて待った。

二〇分ほど待っただろうか。一匹のシマリスが現われた。

ヘビを置いた場所に近づいていくが、ヘビには気づいていない様子だ。

そして、ヘビのすぐ近くまで来て、突然、**シマリスの体に緊張が走った。**体勢を低くし、尾の毛を立て、その尾を激しく振りはじめた。

日本の、野外につくった大きな囲いのなかのシマリスで見た反応と同じだ。やっぱり、野生の生息地でもシマリスはモビングをするんだ。喜びながら、カメラのシャッターを切った。

ところがである。

しばらくモビングを続けた後、シマリスは**信じられない行動をとりはじめた。**

麻酔されて動かないヘビの頭をかじりはじめたのである。

そしてかじりとった皮膚の一片を、口のなかで嚙みほぐした後、今度は突然、毛づくろいをするような動作をはじめた。私には、嚙みほぐしたヘビの皮膚を、自分の体に塗りつけているように見えた。

ヘビの皮膚をかじりとっては自分の体毛に塗りつける。ヘビの皮膚をかじりとっては自分の体毛に塗りつける。……その繰り返しを三〇分以上続けただろうか。

実はそれに似た行動は、日本でも一度見たことがあった。

野外の囲いのなかのシマリスが、ヘビの尿（ヘビの尿は練り歯磨きのような白い半固体状である）と思われるものをかじって、その後毛づくろいのような動作をしていたのである。しかしその行動は短時間であったし、その白いものが何なのかはそのときはわからなかったので、あまり気にとめていなかった。

しかし、韓国の森で見た行動は、まさしく、大きなヘビの体をかじっているのである。それまで少なくともリス類では、そんな行動はまったく知られていなかった。

ヘビの頭部の皮膚をかじりとり（左）、かじりとった皮膚を自分の体に塗りつけている（右）

シマリスは、非常に緊張しながらも一心不乱という様子だった。

「怖い！　でもやめるわけにはいかないんだ！」

といったような気持ちも伝わってきた。

それはそうだろう。なにせ、相手は、本来ならば自分を食べて飲みこんでしまうほど大きなヘビなのだ。

見ている私のほうも興奮していた。

やがて、二匹目のシマリスがそこを通りかかった。すると、二匹目のリスも緊張した様子でヘビに近づき、今度は、尾にかじりついて皮膚を嚙みとり、自分の体毛へ塗りつけはじめた。

この行動の発見は、そのときの韓国での調査の大きな収穫であった。

それから私は、この行動について、今日まで二〇年以上も調べることになる。

当時、京都大学におられた日高敏隆先生は、この行動をＳＳＡ（Snake-Scent Application：ヘビ臭塗り付け行動）と名づけてくださった。

その後の研究でＳＳＡについて以下のようなことが明らかになった。

①シマリスは、ヘビに出会ったとき、まずヘビの状態をよく観察する。そしてヘビが動いてい

シマリスは、ヘビの頭をかじる

ヘビの尾の先端をかじりとり、かじりとった皮膚を自分の体に塗りつけている

るときはヘビの周辺にとどまってモビングを行ない、ヘビが死んでいたり、体調不良や冬眠中であまり動かないときは、恐る恐る近づき、頭部などの体表をかじってSSAを行なう。
②SSAは、ヘビの体以外に、ヘビの脱皮殻（ヘビの脱皮殻は頭の先から尾の先まできれいにつながって体から剝ける）、ヘビの糞尿、ヘビの肛門分泌線から出される分泌液などに対しても行なわれる。
③SSAを誘発するのは、ヘビの体内の三種類の組織で生産される物質のニオイである。
④SSAはヘビに対してのみ行なわれ、同じ爬虫類であるトカゲやカメ、また、シマリスの、ヘビ以外の捕食者であるキツネやイタチなどに対しては行なわれない。ただし、ヘビであればどんな種類のヘビであってもSSAは行なわれる。
⑤シマリスはSSAで自分の体にヘビのニオイをつけることによって、ヘビの捕食から逃れやすくなる。
⑥生後一カ月ほどの、やっと目が開いて、巣穴から出はじめるようになった子どものシマリスもSSAを行なう。などなど。

このような奇抜なSSAであるが、その後、私自身も日本やアメリカで、SSAを行なうシベリアシマリス以外のげっ歯類はいないか調べてきたし、ほかの研究者も調べてきた。しかし、

ＳＳＡを行なうげっ歯類は見つかっていなかった。ところが昨年、カリフォルニアジリスでもＳＳＡが見つかったというのが、冒頭で述べた記事である。

私がはじめてシマリスに出会ったのは、小学校五年生のときだった。

兄がペットショップで買ってきてくれたのだ。かわいくてかわいくて一生懸命世話をしたつもりだったが、一年もたたずそのシマリスは死んでしまった。私の未熟さゆえである。それがショックで、しばらくは、シマリスを写真で見るのも嫌だった。

そのショックが薄れていって、逆にかわいらしさの思い出のほうが大きくなって、次にシマリスを飼いはじめたのは、大学生になってからのことだった。

今にして思えば、そのとき飼いはじめたシマリスは、

私と4年間をともにした愛すべきシマリス“トロ”の勇姿

ほんとうに立派で、魅力的な雄のシマリスだった。名前はトロといった。私が名づけたのだが名前の由来は覚えていない。

その頃のトロの勇姿を記録した写真が一枚だけ残っていたので是非見ていただきたい。トロが乗っているのは、私が大変苦労して、柿の木に深い穴をくりぬいてつくった巣である。

トロはいつも堂々として物怖じせず、私によくなついた。

私が大学から帰って部屋のなかでカゴから出してやると、私の肩まで登ってきた。そうすれば餌がもらえると学習したからである。ヒマワリなどの種子を袋から取り出し、肩のトロに与えると、器用に殻を剝いて種子を食べた。カボチャの種子やグミの実、またセミやバッタといった昆虫も大好物だった。

秋になると、種子を、カーペットの下や本棚の本の間や玄関の靴のなか、洋服ダンスの服のポケットのなか……いろんなところにためまくった。

あるときなど、昼寝していた私の髪のなかにヒマワリの種子をためたこともあった。目覚めて体を起こすと、頭から種子がぽろぽろ落ちてきた。

少しチャックがあいていた筆入れのなかに、カボチャの種子をたくさんためたこともあった。それを知らず、電車に乗って、筆入れを開いたら、カボチャの種子が隣の席のお客さんの足元にぼろぼろ落ちたこともあった。

夏休みに帰省するときには、もちろん連れて帰った。

二階の部屋にカゴごと置いておいたら、早朝、自分でカゴの出口をあけて出て、階段を伝って一階に下り、テーブルの上の湯のみ茶碗のお茶を飲んでいたらしい。早起きの母親がその現場に遭遇して驚き、後で**「随分と遠慮のないリスだね」**と私に言った。

お茶を飲んだ後トロは、母親に遠慮したのか、二階にもどり、天井から屋根に出たらしい。私が起きたときには、屋根のシャチホコの上で（私の実家は、田舎の山の麓にある大きな家で、屋根の両端にはシャチホコをかたどった瓦が置いてあった）、トロが、**シッ！シッ！シッ！シッ！**と鳴いていた。

このままどこかへ行ったらどうしよう、と思っていたら、いつの間にか二階の部屋にもどってきた。

あるときは、同じ二階の部屋で、何を思ったのか（おそらく大きさが同じなので、縄張りに侵入した同種のように感じたのだろう）、兄が飼っていた手乗り文鳥にとびかかっていった。すぐに引き離したが、文鳥の嘴《くちばし》の根元から血が出ていた。

トロは文字通り、寝食をともにしたリスで（私の布団のなかに入って寝ることもあり、朝起きて掛け布団を持ち上げるとトロが驚いて跳ね起きたこともあった）、忘れられない思い出がたくさんある。

雌のシマリスで、思い浮かぶのはリラというリスだ。このリスも物怖じしない利発なリスで、いつもリラックスしているというので息子がリラと名づけた。耳の先端が少し曲がっていて、体の毛が全体的に薄かった。

リラは子どもをたくさん生んだ。三回の出産で二〇匹近くの子どもを生んだ。そして子育てがとても上手だった。

リラは、私のＳＳＡの研究をいろいろ助けてくれた。「出産後の雌リスはＳＳＡを特に激しく行なう」ということや、「生まれて一カ月足らずで、目が開いたばかりの幼い子リスもＳＳＡを行なう」といったことが、

母親について巣から出てきた子シマリス

リラやリラが生んだ子リスのおかげでわかった。

リラは長生きした。通常、野生のシマリスは二～三年、飼育下では三～四年と言われているが、リラは五年生きた。だから、妻も息子もリラには特別な思いをもっていた。

家の勝手口に置かれた飼育ケージのそばを通るときには、いつも、ケージのなかのリラに声をかけた。部屋に出して遊ばせることもあった。年をとるごとに、体全体の毛が薄くなり、五歳になると、鼻の周りの毛と尻尾の毛がほとんどなくなった。

最後に生きた姿を見たのは、冬のはじまりの寒い日だった。寒そうに巣箱に入り、そのまま巣箱から自力で出てくることはなかった。

はじめて出会った子リスの顔をやさしく毛づくろいしてやっている雄のシマリス

私はシマリスの行動の研究を続けているが、実験がスムーズにいくかどうかは、シマリスが、その実験環境になじみ、自然な行動をとってくれるかどうかが一つの鍵になる。実験者である私に対して警戒しないことも大事な条件である。

だから私は、実験にこぎつけるまでに、それぞれのシマリスと親しくなるようにし、同時にそれぞれのシマリスの個性を知るように心がける。餌を与えるときは声をかけたり、体に軽く触れたりすることもある。

しかし、私が若かったときトロやリラとつきあったような親密な関係になることはもうないと思う。

野生動物は、できるだけ、彼ら本来の自然のなかで、人間とは適度な距離を置いて生きてほしいという思いが強くなったからである。積極的に、こちらから親密になるような働きかけはしたくない、という思いがするのである。

でも、トロやリラは、何と言ったらいいか、理屈を超えた「わが愛すべきシマリス」なのである。

イモリ、1500メートルの高山を行く

そのアカハライモリは低地のアカハライモリとはかなり違っていた

鳥取県の南東部には、日本海側と太平洋側を隔てる壁のような山がそびえている。氷ノ山《ひょうのせん》・後山《うしろやま》・那岐山《なぎさん》の連山である。

そこにはブナ林が発達し、ツキノワグマやイヌワシをはじめとする多くの哺乳類、鳥類、爬虫類、両生類が生息している。植物と動物とが織りなす豊かな生態系が、低地に住むわれわれ人間に、水をはじめとする命の源をもたらしている。

氷ノ山は、その連山のなかでも一番高い山で、標高一五一〇メートルである。私は、大学での実習や個人的な調査のために、時々氷ノ山に登っている。

ある年の夏、一人で山頂まで登り、山頂の山小屋で一泊した。朝起きて、ネズミのトラップを調べ、下山しはじめたときのことだった。

氷ノ山の頂上

開けた尾根の登山道を歩いていると、前方二メートルほど先に、**突然、黒い物体が現われた。**

道の両側は、チシマザサに覆われ、まばらにブナの大木が立っていた。道は、表面が黒土で、大小の石がつき出てでこぼこしていた。数時間前に降った雨で多少湿っていた。

その道を、手のひらくらいの黒い、明らかに生きている何かが、ひょこひょこと左右に揺れながら歩いていたのだ。

一瞬はっと身を硬くしたが、すぐに「イモリだ！」と私の脳が言った。

その後はもう私の体は一目散に**黒い動く物体に突進**していた。（この反応は、もう、何と言ったらいいか、〝私の顔には目がある〟ということと同じくらい仕方のないことである。〝私の脳には狩猟採集人の心があ

1500メートルの鳥取の氷ノ山の頂上近くを行く
雌のアカハライモリ（再現写真）。私は目を疑った

る〟のである。私を責めないでいただきたい。）

イモリだ。

間違いなくアカハライイモリだ。

頂上近くのこんなところでアカハライイモリに出会うとは。

どうしてこんな、**水場もない高山にイモリがいるのだろうか？**

私は興奮して何枚も写真を撮った。

イモリが歩いていた周囲の状況、道の様子、イモリが道を歩いていた状況を再現させた写真も撮った。（それが前ページの写真である。）

そんな場所でのイモリの出現ももちろんだが、もう一つ私が驚いたのは、そのイモリの四肢や指の太さ、そして皮膚の様子である。

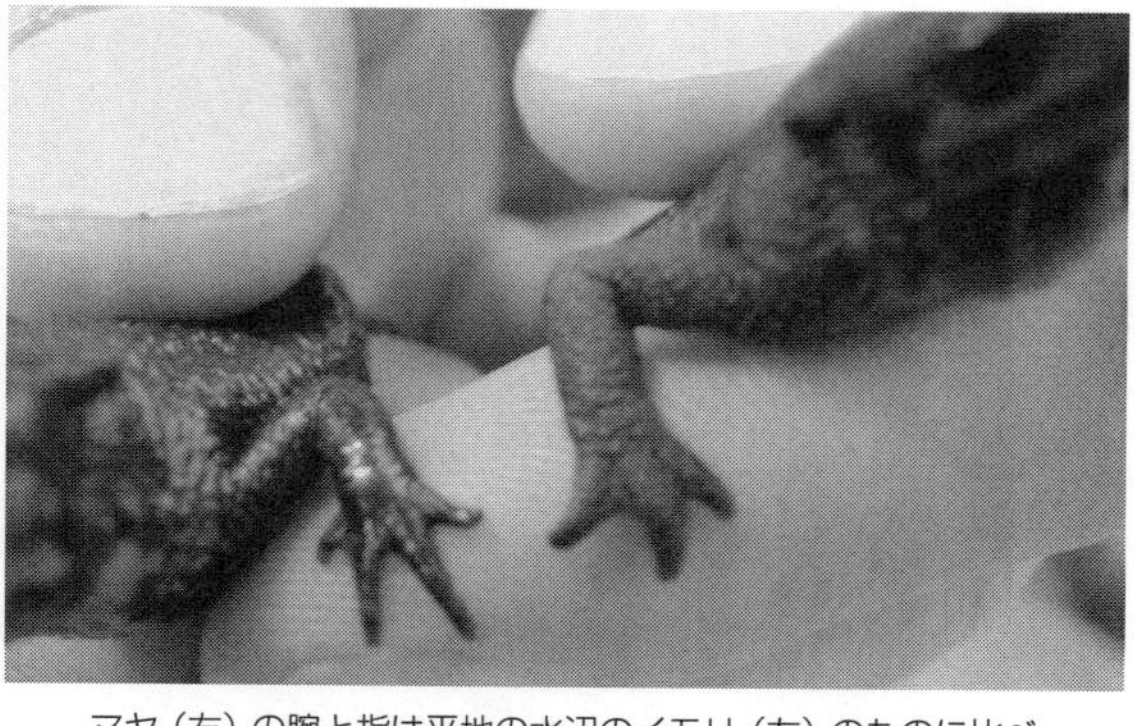

マヤ（右）の腕と指は平地の水辺のイモリ（左）のものに比べ太くてずんぐりしている（ちなみに両者とも雌である）

それまで私が低地の水辺で見てきたイモリとかなり違っていたのである。

まず第一に、四肢が太く、指も短くて太い。そして、皮膚は厚そうで、表面のぶつぶつした突起がはっきりしている。

見るからに健康そうで、丸々と太った大人の雌だった。腹の赤色が低地のアカハライモリより深く、濃かった。

背負っていたザックから容器を一つ取り出し、イモリを入れた。

ついでに、イモリが出てきた、道の脇のチシマザサ原から、地面を覆っている腐葉層を採取し、容器のなかに入れた。

湿った腐葉層の主成分は、チシマザサやブナの、ぼろぼろになった枯葉であり、そのなかにはトビムシ類

皮膚は乾燥して分厚そうで、突起が目立つ

やダニ類、ワラジムシ類などの土壌動物がたくさん入っていた。

おそらく、アカハライモリは、これらの土壌動物を食べて生きてきたのだろうと思った。

家に着いた私は、宝物を取り出すように、ザックのなかからイモリの入った容器を取り出し、わくわくしながらイモリと再会した。

どことなく**神々しい姿に見えた。**

やがて氷ノ山に返してやるつもりだったが、その前にいろいろなことを調べようと思った。とりあえずはこのイモリ（やがて名前をつけたくなって、〝マヤ〟という名前にした。高山で見つかったので〝コウ〟か〝ヤマ〟にしようと思ったが雌なので〝マヤ〟にした）をどうやって飼うか考えた。

夏のイモリは、「水のなか」というのが、イモリを知る人の普通の認識である。私の認識でも、少なくとも低地ではイモリは、水のなかや水際にいて、陸に上がるにしても、それは、水際の草むらや土のなかだろう、というものだった。

マヤが、ほんとうは水に入りたくて仕方がないのだけれど、何らかの理由で、水場から遠く離れてしまったから、やむをえず陸を歩いているのか、「陸がいいんだ」と感じて陸を歩いているのかはわからなかった。

だから、水槽にレンガを置いて陸地の部分と水の部分をつくって、そのなかにマヤを入れた。レンガの上には、氷ノ山でマヤが姿を現わした道の脇の腐葉層をたっぷりと敷きつめた。

はたしてマヤは水のほうを好むか、陸地のほうを好むか――。

マヤはかなり**陸地を好む**のである。

その後、しっかりしたデータを取っておこうと思い、私が研究フィールドにしている低地の小池のなかから取ってきたイモリと一緒に水槽に入れて行動を比較した。

水槽のなかには〝水場〟と〝陸地〟がつくってある。そのなかに二匹を同時に入れ、ビデオで三日間記録した。すると、小池イモリはほとんど水中にいたのに対して、高山イモリ・マヤは、三日間のうちの半分近くの時間、陸上にいたのである。

大切なことを一つ言い忘れていた。

マヤを見つけた場所の近くに水場はないのかと思い、周辺を歩きまわったり、地図を見たりしたが、どうも最も近い水場でも、直線コースで一キロほど離れていることがわかった。

一キロほど離れている水場というのは、一つは、登山道をかなり下ったところにある谷川である。谷川の水源地あたりでも、マヤを見つけた場所から一キロは離れていた。

そしてもう一つは、氷ノ山の頂上からマヤを見つけた登山道の反対側に少し下ったところにある湿地である。この湿地は、古生沼《こせいぬま》とよばれ、西日本では最も高いところにある湿地と言われている。それでも、古生沼からマヤを見つけた場所まで一キロ以上ある。

私の研究室の机上に置かれた水槽のなかのマヤを毎日眺めていると、マヤについていろいろなことがわかってきた。

たとえば餌である。

これまで飼ったことがある〝普通の〟イモリは、動かない餌は、たいていは、水のなかでないと食べなかった。水のなかに広がったニオイ物質には敏感であるが、空気中に広がったニオイ物質については鈍感なのである。

だから私が、餌（いつもは、乾燥イトミミズの小さなかたまり）を水面に落とすと、イモリの動きが慌しくなり、水底などを探しまわり、やがて、水面の餌をパクッと食べる。

陸地に落とした餌は、そのときイモリが陸地にいても、餌が地面からの湿気でかなり濡れても、食べることはほとんどない。

ところが、マヤは違った。

陸地に落ちた餌でも、特にそれが濡れているときには、鼻を近づけていって、バクリと食べた。

私は、このマヤの摂食特性は、氷ノ山の山頂（付近）でのマヤの生活を反映したものではないかと思っている。

つまり、マヤは、氷ノ山の山頂付近のチシマザサ原やブナ林で、何年も何年も（ちなみにアカハライモリの寿命は二〇年を超すと考えられている）地面の上や地面のなかの小動物を食べていたのだろうと思う。そうやって、必死で生きのびてきたのだと思う。四肢や指のずんぐりとした太さや、皮膚の鈍いザラザラさがそれを物語っている。

もちろん、〝普通の〟イモリも、野外で、陸上の動かない餌を食べることもある。

たとえば私は、次のような場面を、毎年目にしている。

夏の小雨の降る夜、私が調査地にしている河川敷の小川のイモリは、なぜか（理由はまだよくわかっていない）、陸に上がって移動しようとする。陸に上がる場所は決まっていて、小川の両側に五〇センチほどの高さの石垣が四メートルほど続いている場所である。

水中から、石垣を伝って上へ上へと移動していくのだが、その途中で、石の隙間に産みつけられているツチガエルの卵にたまたま出会ったイモリは、その卵を夢中になって食べるのである。

だから、〝普通の〟イモリが、陸上の動かないものをまったく食べないわけではない。

しかし、たくさんの〝普通の〟イモリを水槽のなかで飼ってきた私の経験から言えば、それらのイモリが、マヤのように、水槽内の陸上にある、動かない餌を食べることは、きわめてまれである。


その後、マヤを発見した日から約一カ月の間に、私は氷ノ山に六回登った。その目的の一つは、〝第二のマヤ〟を探すことだった。

登山道を登り、マヤを見つけた山頂近くの尾根に入ると、イモリはいないか、イモリはいないか、と目を凝らして前方を見つめて歩いた。時々、道の両側のチシマザサの原に入ってササを分けて地面を探してみた。もしかしたらササ原の地面にイモリがいるかもしれないと思いながら。

なかなか、〝第二のマヤ〟は見つからなかった。一日に、同じ道を何度も歩いてみたりしたが、一回目の登山、二回目の登山、……なかなか見つからない。しかしついに、五回目の登山で、見つけたのである。

〝第二のマヤ〟は、登山道とササ原の境目で見つかった。

マヤと同じ雌のイモリで、少し小ぶりであったが、マヤと同じように、四肢が太く、指も短くて太かった。

ただかわいそうなことに、このイモリは、大学での一連の実験の後、水槽を抜け出して、帰らぬイモリになってしまった。

研究室のなかには、机や冷蔵庫、本棚など、いろいろなものが置いてある。おそらくそういったものの下で乾燥してしまったのだと思う。

まだ遺体は見つかっていない。

マヤにしろ〝第二のマヤ〟にしろ、水から出て遠くに移動しようとする性質が、〝普通の〟イモリに比べて強いような気がする。

力も強く、〝普通の〟イモリなら持ち上げないような水槽の蓋もあけてしまう。

実はマヤも、一度、帰らぬイモリになりかけたことがあった。

私の勤める大学では、新入生たちとの親睦と学習をかねて、四月に鳥取県内の森や海岸、クリーンエネルギー施設、ゴミ処理場などに行く。

その小旅行のバスに乗っていた私の携帯電話が鳴った。

学生からの電話で、開口一番、

「先生、イモリが廊下を歩いています」

と言われた。

電話で教えてもらった場所から判断して、研究室のなかのイモリが脱走した可能性が高い。

どのイモリだろうかと思ったが、とにかく「捕獲して、水を浸した容器に入れておいて」と頼んで電話を切った。蓋をしっかりしておいてもらうことも忘れず

大きな目で私を見つめるマヤ。長年つきあっているうちに、頭をなでてやるとじっとして気持ちよさそうな表情をするようになった

に頼んだ。

小旅行を終えて大学に帰り、脱走イモリに会ってみると、それはマヤだった。どうもマヤは、どこかを歩いているところを人間に見つけられやすいイモリであるらしい。

マヤたちの発見、つまり「一五〇〇メートルの高山を歩いていたイモリ」の発見は、まだまだよく知られていないアカハライモリの生活について、重要な情報を与えてくれていると思う。

私は、ある両生類の雑誌に、二匹のアカハライモリの発見や、彼女たちの変わった形態や習性について報告した。

ある講義にマヤを連れていき、学生を前に、その発見のときの驚きや、マヤの習性の意味などについて説

氷ノ山の中腹に立つブナの大木。
私は氷ノ山に登ったときには必ず立ち寄る

明したことがあった。

「すべての研究が終わったら、またマヤは氷ノ山に返してやります」

と締めくくったが、授業の感想質問用紙に次のように書いた学生がいた。

「先生はたぶん、マヤちゃんをずっと飼いつづけると思います。マヤちゃんを見つめる先生の目が輝いていました」

確かにマヤは、山頂で採集されてから三年が経過した今も、私の机の脇の水槽のなかにいる。なかなか難しいところだが、まだ研究が終わっていないのだ。

見れば見るほど**未知の情報を秘めている**ような姿に見えてくる。

陸地を歩くことがなくなったら、四肢や皮膚は、〝普通の〟イモリのようになってくるのだろうか。水中より陸地を好む性質はいつまで続くのだろうか、などなど、興味はつきない。

それもほんとうだし、とてもかわいい、というのもほんとうだ。

しかし、いつか必ず、氷ノ山に返す。

それは約束する。

ナガレホトケドジョウを求めて
谷を登る懲りない狩猟採集人

そして私の研究室の机の周りは要塞になった

これからお話しするのは、ナガレホトケドジョウという淡水魚についての話である。
そして、私が、〝環境大学〟の教員であり、環境問題の改善に向けてしっかり仕事をしていることをアピールしておくための話である。

この魚は、日本固有の、全国レッドデータブックの絶滅危惧に指定されている魚で、**まだ正式な学名がついていない。**

というのは、一九九〇年代のはじめまで、同じく日本固有の淡水魚であるホトケドジョウの地方変異型と考えられており、その後、ようやく日本国内では、別種であることが明らかになったからである。

ただし、日本国内で別種であることが認められたかといって、それですぐに学名がつけられるというわ

私の故郷で採集したナガレホトケドジョウ。
これまでの報告にある最大全長70ミリを大きく超える83ミリの巨大個体だった

けではない。学名というのは世界共通の名称である。したがってその決定には、世界中で過去に命名されたどの種とも別種であることを証明する手続きが必要とされる。そのうえで、国際動物命名規約にのっとって学名記載のための論文が発表され、さらにそれが受理されてはじめて学名が決まるのである。

ナガレホトケドジョウの場合は、それがまだ完了していないのである。

私が小学生だった頃のことである。私が育った故郷は岡山県の北にある。その故郷の北側の山のなかの小さな谷川で遊んでいたとき、ナマズの子どものような魚を見つけたことがある。こんな小さな谷川に魚がいるなんて、と驚いたのを覚えている。両側にミズゴケが生えた、岩と石、砂だけの細い谷川のなかの溜りであった。

よほど印象に残ったのだろう。そのときの魚の様子は、今でも、かなり鮮やかに思い出すことができる。

その後、四〇年近くたって、鳥取環境大学に勤務するようになったある日、ある研究会でこのナガレホトケドジョウのことを知った。職業柄、絶滅の危機に瀕している野生生物のことには敏感になっていた。そして、すぐに四〇年近く前に見た、あの魚のことが頭に浮かんできた。**あの魚に間違いない**と直感的に思った。

それから数カ月して帰省したとき、四〇年前の記憶を頼りに、その魚を見た谷川に網を持って行ってみた。谷の様子は、四〇年前とほとんど変わっていなかった。その魚がいた場所もはっきり思い出すことができた。

最近はめっきり物忘れが激しくなり、落ちこむことの多い自分を少し励ましてくれた。（数日前は、野外に出ようとして眼鏡がないことに気がついた。恥を忍んで、事務の人に電話した。「さっきそちらへ行ったとき、私、眼鏡、してました？」。返事は「されてましたよ」だった。その後の移動経路を思い出しながら、もう私の正体がばれている学生にも、聞いてみた。どこにあったかは、ここでは言いたくない。）

もちろん、年をとって落ちる記憶力は、短期記憶だということは知っている。しかし、この際、四〇年前の長期記憶だって〝記憶〟には違いない。贅沢は言っておれない。

その場所に顔を近づけ、注意を集中した。すると、網を使うまでもなく、直径二〇センチほどの溜りの岩の下から、**その魚がゆらゆらと出てきた。**そしてまた岩の下に入っていった。じっと待っているとまた出てきてまた入っていった。数匹同時に出てくることもあった。驚くと同時に、帰ってきたよ、と言いたい気持ちがした。

その後、故郷の山の、別な谷筋の谷川をいくつか探した。私を迎えてくれるかのように、魚は簡単に見つかった。どの場所も、山のなかのほんとうにきれいな谷川の溜りだった。故郷とはほんとうにありがたいものだ。

彼らが生息する場所は、大きな川をずっとずっとさかのぼった、水源地水域と言ってよい場所である。水は澄みわたり透明で、これ

40年ぶりの谷川で発見したナガレホトケドジョウ。
谷川の小さい溜りで、複数の個体が石の下からゆらゆらと出入りしていた

まで調べてきたなかでは、例外なく、サワガニ、ニホンヨコエビ、フタスジカゲロウの幼虫も生息していた。

彼らの生息地を守ることが即ち、そこから流れ出し、やがてわれわれの生活を支えることになる大きな川がもつ恩恵を守ることになるのである。水質浄化はもとより、異常な洪水や土砂崩れの防止、海への栄養分の運搬などの恩恵である。

われわれはそんな水源地の恩も忘れて、山を谷を工事で破壊し、そしてナガレホトケドジョウは絶滅危惧種になってしまったのだ。

一方、鳥取環境大学がある鳥取県では、ナガレホトケドジョウは、二〇〇三年まで見つかっていなかった。そして二〇〇三年に、広島県環境保健協会の原竜也氏が、はじめて鳥取県東部の高地の谷川で一匹採集した。ちょうど私が、岡山県の故郷でこの魚たちに四〇年ぶりの再会をしている頃だった。

へーっ、鳥取県にもいるのか……。私はがぜん鳥取県のナガレホトケドジョウにも興味がわいてきた。生息地の保全は当然ながら、岡山県と鳥取県のナガレホトケドジョウの形態や行動、系統的な違いも調べてみたいと思うようになった。

そもそも、ナガレホトケドジョウは、一つの谷川のなかだけで繁殖し、つまり、閉鎖的な生息域で長い間生きてきた可能性が高い。したがって、谷が一筋違えば、二つの谷川のナガレホトケドジョウの集団は、お互いに長い間、交流することなく独立に進化してきていると予想される。

それが、谷筋の違いどころか、太平洋側（岡山県）と日本海側（鳥取県）の谷川である。両側の谷川に生息する個体同士で、どんな違いがあるのか、興味深い問題である。

原氏の発見以来、鳥取県でのナガレホトケドジョウの採集の報告はなかったが、いることはいるのである。私は、原氏の報告があった付近の谷川から、あるときは学生と、あるときは一人で谷川を調べはじめた。

途中まで車で行き、そこから歩いて谷川に入り、黙々と谷川を登り、ナガレホトケドジョウがいそうな溜りを見つけると、石を持ち上げながら網ですくうのである。長いときはその作業を四、五時間も続ける。それを延べ三年間ほど続けてきた。しかし鳥取県のナガレホトケドジョウは一匹も姿を見せてくれなかった。

私は、岡山県でのナガレホトケドジョウの採集にはなれており、どんな場所にいるのか、どんなふうにしたら網に入りやすいのかなど、十分知っているつもりであった。そのうえで、「ここにはいそうだ」と思うところに網を入れるのだが、網を上げるたびに失望するのである。ウェダー（腰まであるタイプの長靴）をはいたままで、携帯ポンプやカメラなどの入ったザックを背負い、網を持ち、勾配のある谷川をひたすら登っていく――それ自体かなり重労働である。ナガレホトケドジョウ以外の魚やサンショウウオ、イモリなどについて意外な発見をすることは多々あったが、本命である魚についてはまったく収穫なく、また登ってきた谷を下りるのである。

車にたどり着いたときには、どっと疲れがわいてくる。重い足どりで車に荷物をしまい、とりあえず運転席に身を沈める。**心も沈む。**

それでもあきらめもせず、一〇〇回近く谷川に通ってきたのには、おそらく、私のなかの狩猟採集人の心が関係しているというのが私の推察である。「今度こそいるかもしれない、**今度こそ、今度こそ……**」と私にささやく、懲りない狩猟採集人の心である。

ワシントン医科大学の著名な臨床心理学者であり、無類の釣り好きとしても知られているポール・クイネット氏は、著書『パブロフの鱒』（森田義信訳、角川書店）のなかで、次のように述べている。

悲観主義者からみてフィシャーマンが狂っているとしか思えないとしたら、それは、我々が不確実性に立ち向かい、失敗をくりかえしながらも、楽天性を失わずにいるからだ。フィシャーマンは、九日間一匹も釣れなかったとしても、十日目の朝になるとまた水辺への進撃を開始する。これこそ、希望が経験に対して偉大なる勝利を収めたことの証でなくてなんだろう。そしてこれこそが、人間の魂の最良の部分ではないだろうか。

効率を重んじる現代人のなかには、この見解に異議を唱える人も多いだろう。しかし、近年の動物行動学の研究は、われわれの祖先の狩猟採集人の社会では、得るものが大きければ、たとえ確率はかなり低くても、あきらめずにその可能性にかけてやりつづける特性の個体のほうが、より多くの子孫を残しただろうと示唆している。そして、われわれの大部分は、そのような特性をうけついだ子孫だろうと。

それは、おそらく、いつの時代も、(当たる確率のことなど気にとめず) 宝くじやギャンブルが、多くの人びとを強くひきつけるという事実とも無関係ではないと考えられている。

そのような特性が、〝狩猟採集〟とは随分と異なった現代社会のなかで、見さかいなく作動したとしたら、大きな不幸を生むことは容易に想像できる。一攫千金の夢にかけて失敗した人びとの話は枚挙にいとまがない。

しかし、クイネット氏の言う「魂の最良の部分」とまでは言えないかもしれないが、状況によってはその特性は、〝挑戦！〟にも結びつく大事な特性だと思う。少なくとも、失敗してもあまり害はない「魚とりや魚釣り」に関しては。


だから私は、ここであえてはっきりと断言しておきたいのだが、私は、むやみやたらにただただ狩猟採集人の心につき動かされていたわけではないのである。多少は、状況というものを、大人の目で冷静かつ客観的に判断して行動してきたのである。

さらに、私が、「不確実性に立ち向かい、失敗を繰り返しながらも、また谷川への進撃を繰り返した」のには、次のような深遠な理由も少しは関係していたのである。——高度な技術ばかりがもてはやされるような**近年の自然科学研究へのささやかな反抗**といったらよいだろうか。

どんな技術を使っても、研究の出発点になる、鳥取県の谷川に潜むナガレホトケドジョウの発見はできないだろう。

人間の五感、経験に裏打ちされた直感、体にこそ、それができるのだ！

しかし、いくらいきがってみても、見つからないものは見つからない。

いつからか、学生を連れていくのが気の毒になり、その後はいつも一人で谷川に向かうようになった。一人で谷川を登る。また登る。

そして、なんと**その日は来たのだ。**

ある谷あいの小さな小さな川の溜りで、いつものようにすくい上げた網のなかに、砂や石や枯葉にまじって、その魚はいた。ほかの魚ではない。サンショウウオでもない。間違いなくナガレホトケドジョウだ。ピチピチ跳ね上がり、次の瞬間、石の間に入りこもうと

鳥取県のある谷川でやっと発見したナガレホトケドジョウ。
私の目には黄金に輝いて見えた

していた。

三月中旬で、手に水は冷たかった。それと、ちょうどその頃、四針縫ってまだ抜糸していなかった右手の親指が石に当たるたびに痛かった。しかしその冷たさも痛さも吹っ飛んだ。結局、その谷川で、六個体のナガレホトケドジョウが採集できた。もっとたくさんいるのはわかったが、取りすぎは厳に慎まなければならない。近くで、高速道路の工事が行なわれているのが気になったが、開発のニオイはしない谷川だった。

車を運転して帰路を急ぐ私の頭には、それまでのいろいろな出来事が浮かんできた。谷川の水際でマムシ（毒蛇）を踏みそうになったこと。山奥の谷あいで、謎の二匹の野犬が、私のほうに向かって吠えながら谷の上へと消えていったこと。山奥の細い谷川の小さな溜りに二〇センチを超えるようなイワナ系の魚が泳いでいたこと（これも謎）。同種のオオサンショウウオをくわえたオオサンショウウオ（共食い）を見たこと、などなど。

そして、今回のナガレホトケドジョウの発見を、家族や学生に、いかにして、**科学的にかぎりない大発見**であるかのように話そうか、などと考えるのは、なかなか快いことだった。

さて、私のなかで、発見の興奮もやがて冷めていき、一方で二カ所目のナガレホトケドジョウの生息地を探す作業と、他方で、採集した個体を利用した二つの楽しい作業（いずれにしろ殺したりすることはない）が始まった。

〝楽しい作業〟の一つ目は、鳥取県と岡山県のナガレホトケドジョウの遺伝的な違いを調べることである。（尾ひれの先端を少しだけ切りとり、細胞中のミトコンドリアＤＮＡの塩基配列を比較するのである。命に別状はない。）

二つ目は、ナガレホトケドジョウの行動の観察である。

私の専門は、動物行動学である。動物行動学は、動物の行動や習性、形態などを進化的適応という視点から理解しようとする学問である。だから、鳥取県のナガレホトケドジョウが、中国山地を隔てた岡山県のナガレホトケドジョウと遺伝子的にどのように異なるかという点もさることながら、それぞれのホトケドジョウの行動や習性に大いに興味があるのだ。

私は、できれば、大学の私の研究室のなかに大きな水槽を置き、彼らの生息地を模した環境をつくり、そのなかに鳥取県と岡山県のナガレホトケドジョウを入れて行動を観察したいと思った。彼らの行動を絶えず視野のなかに置き、個体同士のやりとりや繁殖行動などを見たいと思ったのである。

しかし、それは簡単なことではなかった。

なにせ、私の机の周囲は、すでにほかの動物の大小の水槽で囲まれた要塞のようになっており（だから、私が机の前で席を立てない仕事をしているとき、たとえば、学生が書類に必要な印鑑をもらいに研究室に来たら、どこかの駐車場での、小窓を通しての駐車券とお金のやりとりのような状況が発生する）、ちょっとやそっとで、新参者の水槽が入れるゆとりはなかったのである。

ちなみに〝ほかの動物〟というのは、変態してから数カ月～数年のアカハライモリの幼体（まだその生態はよくわかっていない）や、全国的に絶滅が危惧されているスナヤツメの幼生（この魚は、孵化後数年間は、幼生の状態で砂のなかで暮らす。だから、眼がない。そして、砂のなかにいるから、その生活もよくわかっ

透明のやわらかい“粒”のなかに潜っているスナヤツメの幼生。こうすると、いつも砂のなかにいる幼生の行動を見ることができる。その結果、小さい幼生は互いに集まる傾向があることがわかった（左）。大きくなった幼生は水底の表面近くで過ごすことが比較的多いことがわかった（右）

ていない。だから私は、透明のやわらかくて丸い〝砂〟を用意して、そのなかで幼生を飼っている。そうすると、幼生の行動や生態を直接見ながら知ることができる）などである。

すでに限界近くに達しているその状態で、一体どのようにして、さらに、ナガレホトケドジョウの大きな水槽を置けるというのか。

これは難題である。

いろいろ考えあぐねた末、私は、机の周りの大改造を行なうことにした。

これをここに持っていって、ここに本をつんで、その上にこの水槽を置いて……いやいやそうするとスナヤツメが見えなくなるから……。

頭が悲鳴をあげながら、キュービクルの色合わせを

水槽などで取り囲まれた私の机の周辺の要塞。ここから脱出するのも侵入するのも一苦労。でも楽しみは苦労をはるかに超える（研究にも大いに役に立つ）

するような思いで、格闘すること一時間。途中、スナヤツメの水槽が倒れて透明の〝砂〟が床に散らばったり、子イモリの水槽のなかの陸地が崩れて水中に没したり、もう爆発しそうになりながらなんとかやりとげた。

とにかく、私がイスに座ると、右の視野のなかに、一メートル×八〇センチ×（高さ）六〇センチの水槽のなかで、石やレンガの隙間で休んだり、水中を気持ちよさそうに泳ぐナガレホトケドジョウの姿があった。

ナガレホトケドジョウは、大変隙間が好きで、たいていは、レンガや石の隙間に入ってじっとしていた。また、ときには、激しく体を振動させ、水底の石の間に無理やり入ろうとすることもあった。

個体同士は、基本的には、別々の隙間を利用したが、

石の隙間に強引に入りこもうとするナガレホトケドジョウ。
こういった観察もナガレホトケドジョウの理解や保全に役に立つ

ときには、数匹の個体が一つの隙間に並んで入っていることもあった。

たまに、生息地を模してつくったレンガの隙間で休んでいるナガレホトケドジョウと目が合うことがあった。

最近、神戸市立須磨《すま》海浜水族園の青山茂さんは、ナガレホトケドジョウの腹側から見た心臓の形や、そこからのびる血管の走行のパターンによって、それぞれの個体が特定できることを発表された。

私は、なるほど、と思った。

私も見ていたのに、そんな発想はしなかった。

ただし、私は、大きさや、顔の様子から、水槽のなかの五匹のナガレホトケドジョウは、ほぼ個体識別できる。

よく私と目を合わせる個体には、〝はな〟という名

“はな”と名づけたナガレホトケドジョウ。
「はなちゃん、今日も元気か？　今日は何を食べた？」

前をつけてやった（雄だったらゴメン）。日本昔話に出てきそうな雰囲気の顔なのである。そして話しかける。

「はなちゃん、今日も元気か。今日は何を食べた？」

授業で、ナガレホトケドジョウの写真、生息地の写真に、はなちゃんの顔の写真もまぎれこませて提示し、ナガレホトケドジョウの生物学的な説明や絶滅危惧の状況、その生息地を守ることの人間にとっての意味について話した。

それと、もちろん、私の武勇伝と発見の価値の大きさを、風呂敷をいっぱいに広げて話した。

授業後、学生が出した質問用紙のなかに、ある女子学生が次のように書いていた。

「私はオカリナの音が好きなのですが、ナガレホトケドジョウの顔はオカリナの音のようですね」

その気持ちはよくわかる。

オカリナの音は、平静な気持ちで素直に話すときの人間の音声の特徴を多く含んでいる。われわれの脳は、声の〝音〟としての特徴から相手の内的な心理・感情を推察するように設計されている。

はなちゃんの表情は、オカリナの〝音〟から推察される心理・感情をもった人間の表情を想起させたのだろう。

ただし、一言付け加えておくと、人間も含めたどんな動物もそうだが、生物は、われわれが〝愛らしさ〟や〝癒し〟を感じる面と同時に、〝激しさ〟や〝荒々しさ〟を感じる面も備えている。生きるということはそういうことなのだ。

たとえば、（ほかの章で書いたけれども）ドングリの実を、愛くるしい動作で食べるシマリスも、捕食者であるヘビに向かっていくこともあるし、繁殖期には、雄同士の間で激しいやりとりが交わされる。

ナガレホトケドジョウでもそれは同じである。

あるとき、デスクワークの手を止めて水槽を見たら、ある一匹の個体が、フタスジカゲロウの幼虫を食べていた。（水槽のなかに、私が生息地から取ってきた小動物も入れてある。）ちょうど、鮫が獲物をくわえて頭を左右に振るように、そのナガレホトケドジョウも、カゲロウの幼虫を口にくわえて振っていた。

また、いつも餌として与えている水に浮く「メダカの餌」を水槽にパラパラ落とすと、石やレンガの隙間にいたナガレホトケドジョウは（はなちゃんも）、血のニオイを感知した鮫のように、がぜん、動きが荒々しくなり、そこらじゅうを泳ぎまわり、ニオイの源を探しはじめる。

本来の生息地では、餌は水底にいることが多いのだろう。水底ばかり探している。やがて一匹が水面に向かって泳ぎ、浮いている餌を食べはじめると、他個体も同じ行動を始める。（動物行動学の研究で、多くの魚で、他個体の行動を情報として利用していることがわかっている。）はなちゃんも立派なものだ。餌が少ない谷川で生きのびてきたナガレホトケドジョウであるから、餌に対する貪欲さも人一倍、いや、魚一倍なのだろう。


こんな情景を目にしながら、私の脳のなかには、机の前に座った私を取り巻く、いろいろな水槽のなかの動物たちの習性が、自然に蓄積されていく。

それが聡明で用意周到な私の作戦なのである。

けっして衝動だけで動いているのではないのである。


さて、私の机の周りの要塞は、けっして、通常の守るための要塞ではない。

攻めるための要塞である。

今日も要塞の住人をよく観察して、餌をやり終わったら、要塞に見送られて、野に出るぞ！

1万円札を プレゼントしてくれたアカネズミ

そのネズミは少し変わった小さな島の住人だった

私はここ六年間、アカネズミという、山林や川原に棲む、日本固有のかわいいネズミの生態を調べている。

アカネズミは、草や木の実や新芽などを食べて生きている。（事典などには虫も食べると書いてあるが、実際には、虫を食べるのはまれである。また、食べる虫の種類もとてもかぎられていて、今、学生がその虫の種類を調べている。）

秋の森では、コナラやクヌギなどの実（それらを総称してドングリとよぶ）を、食べたり、冬に備えて、巣のなかに運んで蓄えたり巣の近くの地面に埋めたりする。

秋の川原では、コナラやクヌギの実ではなく、サワグルミの実などを食べたり蓄えたりすることになる。

ドングリやクルミの実は、殻をかじって剝かないと、なかの実が食べられない。

罠で捕まったアカネズミの雄。「何すんじゃ！放せ」と私には聞こえた

アカネズミは、一部は本能、一部は学習によって、殻の特性に合わせて、実に効率的にその殻を剝く。コナラとマテバシイの場合を比較してみよう。

コナラの殻は薄くて縦に割れやすい性質をもつのに対し、マテバシイは、殻が分厚く、縦にも横にも割れにくい性質をもっている。

したがって、アカネズミは、コナラは、殻を縦に細く割るようにして全体的に取りのぞいて実を食べ、マテバシイは、殻の一部に丸い穴をあけて、そこから実を抜いて食べる。

オニグルミの場合は、殻が非常に分厚くて堅いので、最小限の労力で最大量の実を得ようとすると、次ページの写真のような穴のあけ方になるらしい。川原で採集したアカネズミのほとんどが、写真のようなかじり方で、クルミの実を食べた。

アカネズミは堅果（ドングリ）の種類に応じて一番効率的な剝き方をする。
上左：マテバシイ、上右：クヌギ、下中央：コナラ

コナラやクヌギの木は、自分の子どもであるドングリの実（正確に言うと、ドングリの殻の内側の実は、子どもの二枚の葉っぱである。葉っぱに栄養が蓄えられていて半球形になっており、それが二枚集まって、球になり、殻のなかに納まっているのである）のなかに、アカネズミが食べすぎると死んでしまう有毒物質をまぎれこませていることが、最近の研究で明らかになっている。

齊藤隆、島田卓哉両氏によると、アカネズミをコナラのドングリだけで二週間飼育すると、死ぬ個体も現われ、死ななくても体重の減少が見られるという。

これは、コナラなどの樹木の防衛戦略であり、自分の子どもたちがアカネズミに、一度にたくさん食べられることを防いでいるのだろうと考えられている。

そうやって、コナラやクヌギの木は、アカネズミが、

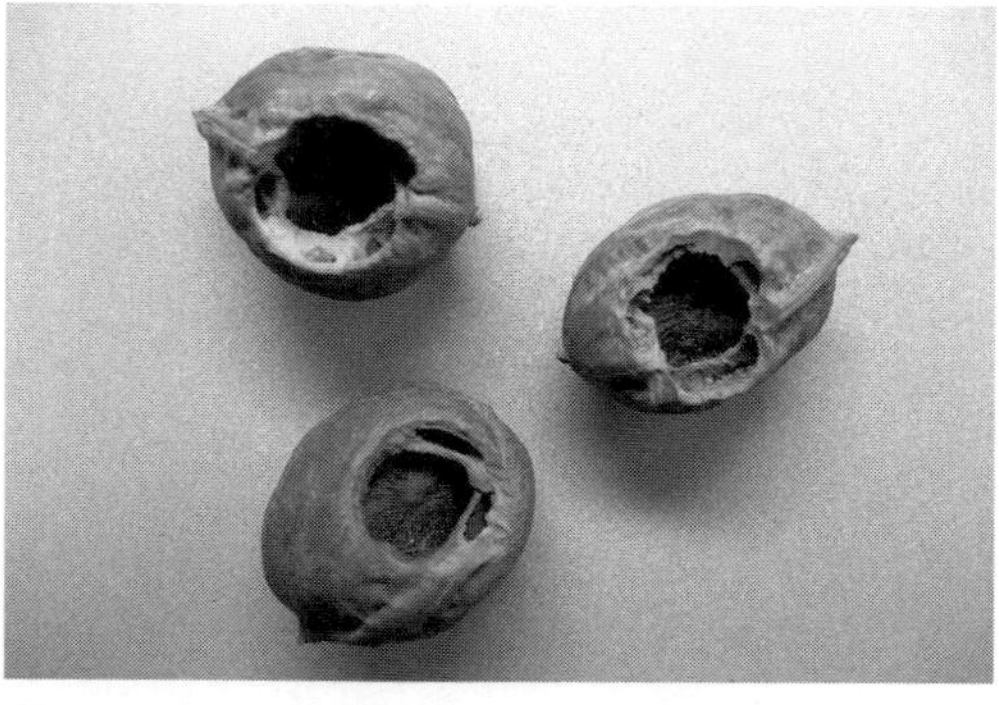

堅いオニグルミの実を効率的に取り出す剝き方がこれ。見事！

自分たちの子ども（ドングリ）の一部を食べても、一部は土中に埋めて蓄えるようにしむけているのであろう。

アカネズミがドングリをどこかに運んでいって、土のなかに埋めてくれることは、コナラやクヌギの木にとってもありがたいことである。

というのは、母木の下に落ちたままのドングリは、母木の陰で光が当たらず、土のなかの養分や水を母木と奪いあわなければならず、結局、育ちにくいのである。だから、母木の下からどこかへ運んでもらえることは、子どもの生存率を高めることになりやすい。

もちろん、アカネズミは、餌が少ない冬に、埋めたドングリを掘り起こして食べることもあるだろう。しかし、たいていアカネズミは、少し多めに蓄えておく傾向があるので、アカネズミに食べられることなく、春に土から芽を出して大人の木へと成長していくドングリもあるのである。

さて、ここからが話の本題なのであるが、鳥取県の東部には、直径三・五キロほどの、湖山《こやま》池という名の湖があり、そのなかに、幅一〇〇メートル、長さ二〇〇メートル程度の卵形の小さな島がある。

その島を最初に対岸から見たとき、私のなかの何かがうずきはじめた。

狩猟採集人の心と言えばよいのだろうか。

あの島には何かがいる。

私に、あるいは私の部族に利益をもたらしてくれる何かがいる、と、その心は私に言うのである。

そのささやきに嘘はなかった。

学生を道連れに（一人では怖かったので）、ゴムボートでその島（津生島《つぶしま》とよばれている）に上陸すると、大きなヘビはいるは、全国的に絶滅が危惧されているカスミサンショウウオはいるは、アカハライモリはいるは、タヌキはいるは、何とニホンジカまでいたのである。

そして、最後に見つけたのが、当時から私が研究対象にしていた「アカネズミ」であった。

鳥取市の湖に浮かぶ津生島。長径約200メートル。岸から約600メートル

調べてみると、そのアカネズミたちには、湖の周囲の林に棲むアカネズミとは異なる、興味深い性質が二つあった。

一つは、個体同士の遺伝的な違いが、きわめて低いということである。

この事実は、津生島の森のなかのアカネズミ九匹と、湖の周辺の広い森のなかのアカネズミ五匹の、尾の皮膚の細胞のなかにあるミトコンドリアという構造体のなかの遺伝子を調べてみてわかったことである。

遺伝子を調べるというのは、具体的には、遺伝子の本体であるDNA（デオキシリボ核酸とよばれる糸状の分子）のなかに並んでいる塩基の種類と順序を調べることである。塩基は、DNAの構成成分になっている小さな分子で、種類は四つ――アデニン（A）、チミン（T）、シトシン（C）、グアニン（G）――ある。

遺伝子というのは、生物の体を構成している物質の設計図であり、遺伝子と「生物の体を構成している物質」との関係は、ちょうど、レシピと「それにもとづいて実際にできあがった料理」との関係にたとえることができる。

アカネズミで調べた遺伝子は、ミトコンドリアのなかにある、チトクロームというタンパク質の遺伝子で、遺伝子には、チトクロームの設計図が、TTACCCATGGTTGACT

……といった具合に書かれている。別な言い方をすると、チトクロームのDNAのなかに、塩基が、TTACCCATGGTTGACT……といった具合に並んでいる、ということである。

あるアカネズミのチトクローム遺伝子を調べると、AGGGTGTGCC……であり、別なアカネズミのチトクローム遺伝子を調べてみると、AGGATGTGCC……だったとしよう。両者の遺伝子を比較すると、四番目の塩基が違っていることがわかる。前者ではグアニンで、後者ではアデニンである。すると、前者のアカネズミのチトクローム遺伝子をタイプIとよび、後者のものをタイプIIとよんで区別する。

そうやって調べてみると、湖周辺の広い森の五匹のアカネズミはすべて、他個体とは違ったタイプのチトクローム遺伝子をもっていたのに（つまり五タイプの遺伝子があったのに）、津生島の九匹のアカネズミは、すべて同じタイプのチトクローム遺伝子をもっていたのである。

さらに、津生島のアカネズミがもっていた同一の遺伝子のタイプは、湖周辺の広い森の五匹のアカネズミがもっていた五種類のタイプのどれとも違っていたのである。

ちなみに、通常の野生下のアカネズミ集団では、何種類ものタイプの遺伝子をもっているのが普通である。

津生島には、数百匹のアカネズミがいると思われる。

一方、チトクローム遺伝子を調べた九匹のアカネズミは、島のいろいろな場所から採集しているから、そのチトクローム遺伝子がすべて同じということは、島のアカネズミのほとんどの個体が、同一のチトクローム遺伝子をもっている可能性が高いと思われる。そして、チトクローム以外の遺伝子についても、タイプの数は少ないのではないかと予想される。

津生島のアカネズミは、一体どのようにしてどこからやって来たのか、あるいはどのようにして残ってきたのかはわからない。

しかしいずれにせよ、一つの小さな島に、遺伝的に均一なアカネズミたちが暮らしているというのは、**とてもロマンがある。**そして、そうなった経過を探ることは、アカネズミの生態や進化を考えるうえでも重要なことだと思っている。

さて、もう一つ、津生島のアカネズミと湖周辺のアカネズミには**興味深い違いがある。**

それは、ジャンプ力の違いである。

これは私のゼミの大学院生のＦくんがやっている研究であるが、次のページの写真のように、底までの深さを自由に変えられるようにした筒のなかにアカネズミを入れ、アカネズミがジャンプして外に出られるかどうかを調べた。

五匹（雌三匹、雄二匹）の津生島アカネズミと、六匹の湖周辺アカネズミを使った実験からわかったことは、以下のようなことである。

底までの深さが三〇センチを境にして、湖周辺アカネズミは、それより深くなっても外に跳び出せるのに対し、津生島アカネズミはすべて、少なくとも三〇センチより深くなると外へ跳び出せなくなる。

なぜなのか？

そのあたりの謎解きがまた面白いと思っている。

実は、今私が調べているのだが、ジャンプ力以外にも、津生島アカネズミと湖周辺アカネズミとは、興味深い点で違いがあるらしい。

それはまたのお楽しみ、ということで……。

跳躍力を調べるための実験の様子。底からジャンプして外へ出られるか？

さて、そんな魅力的な津生島のアカネズミであるが、ある秋の日、島で捕獲した雌のネズミが、大学の飼育室で四匹の子ネズミを産んだ。捕獲した時点で妊娠していたと思われる。

雌ネズミが、夜になっても、いつもと違って巣箱から外へ出てこないなーと思っていたら、巣箱のなかから、**チュチュというかわいらしい声**が聞こえてきた。なるべく静かにして、餌やりも音を立てないようにしていたら、二、三週間ほどして、子ネズミが巣箱から外に出るようになった。

私は急いで、アカネズミの親子を、格子の幅が狭いカゴに移した。格子の幅が広いカゴだと、体の小さい子ネズミが、格子の隙間から外へ出てしまうからである。

親子はにぎやかにそのカゴで暮らしはじめたが、そ

生後20日程度のアカネズミの子ども。まだ足元もおぼつかない

のうち子ネズミが成長してきて、カゴはネズミ五匹には狭すぎるようになってきた。そこで、母ネズミをそのカゴに残し、四匹の子ネズミは、一匹と三匹に分けて、別なカゴに移した。

一匹だけを別にしたのには理由があった。

私がその一匹を、研究室の机の上に置いて、頻繁に観察したいと思ったからである。

ちょうどその頃、津生島のアカネズミは遺伝的に均一だという確信も得られ、頻繁に見ていれば、津生島のアカネズミの行動について何か変わったところが発見できるかもしれないという思いがあった。

何か**面白い研究のアイデアが浮かんでくるかも**しれないという思いもあった。

それと、その一匹の子ネズミは、物怖じしないネズミで、私の前でも緊張せず振る舞っているように見え

研究室の机の上に置かれた子ネズミの“ミミ”

た。片方の耳の先端が後ろ側に折れているところも、愛嬌があった。

二匹にしてもよかったのだが、二匹にすると、糞や尿の量が二倍になり、研究室内にニオイが漂うことを、体験から知っていた。

私は、その片耳の先が折れたかわいい子ネズミを、少し大きめのカゴに入れて研究室の机の上の正面に置いた。

名前を〝ミミ〟（雌だったので）にして、デスクワークの合間に、話しかけたり、指で鼻に触ったりしていた。ミミはミミで、カゴの水飲み容器の上に乗り、鼻を格子の隙間から出すようにして、よく私のほうを見ていた。

そんなつきあいが始まって一週間ほどがたった頃からだったと思う。

机に座った私のほうをよく見ていた

時々、カゴのなかからミミが何かをかじっているような、**カリカリ**という音が聞こえるようになった。

私は、水入れか餌入れの端のプラスチックでもかじっているのだろうと思い、特に気にもとめなかった。

ところが、その音が始まって一週間ほどたったある日の朝、研究室に入ってカゴを見ると、**なかにミミの姿がなかった。**

巣箱は入れておらず、寝るときは、器用に、落ち葉でつくった半円状の巣のなかで寝ていたので、それまではいつでもミミの姿は見えていたのだ。

驚いて、水入れや餌入れを取りのぞいてみたが、**ミミの姿はどこにもなかった。**

そしてその直後に、ミミが消えたわけがわかった。

水入れの横側のプラスチック面に、ちょうどミミ一匹が通れるくらいの丸い穴があいていたのだ。それは

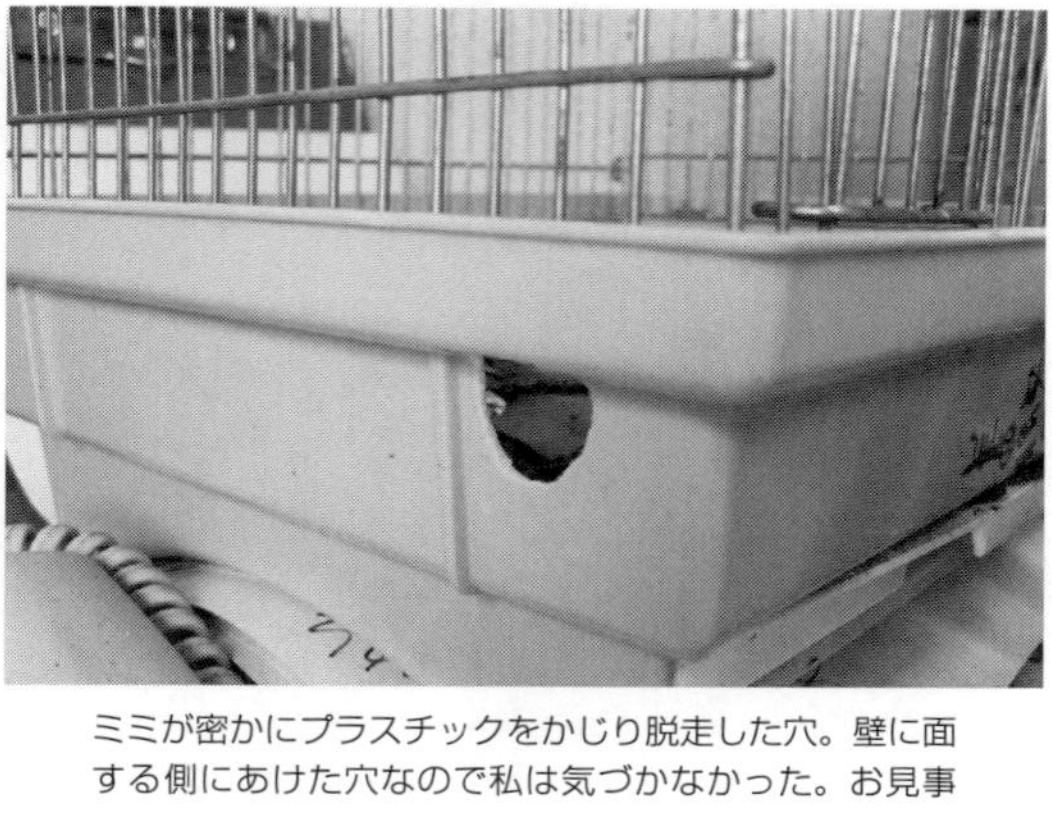

ミミが密かにプラスチックをかじり脱走した穴。壁に面する側にあけた穴なので私は気づかなかった。お見事

正面からは見えない場所だった。

そうか、あの音は、この穴をあけている音だったのか。

よくもまーこんなところに穴をあけたものだ、まいった、と思った。

しかし、一方で、そんなに心配はしなかった。

研究室の外に出た可能性はないから、トラップを仕掛けておけばかかるだろうと思ったからである。

ミミが大好きなヒマワリの種を餌にすればすぐかかるだろう。

そう思って研究室の床に四つトラップを仕掛け、トラップの入り口と奥にヒマワリの種を置いた。

（ネズミが餌に釣られてトラップの奥の板の上まで来ると、体の重みで板を押さえている〝かかり〟がはずれ、入り口の蓋が閉まるという仕掛けになってい

研究室の床に仕掛けたトラップ

る。）

喉が渇いたらかわいそうだから、トラップの近くには、水を入れた皿も置いた。

次の日、研究室に行ってみると、ドアの近くに仕掛けた**トラップの入り口付近のヒマワリが食べられていた。**剝かれた殻が散在しているのが見えた。

しかし、どのトラップの蓋も閉まっていない。

ミミはトラップにかかっていない。

いくつかのトラップを調べてみると、奥の板の上に置いていたヒマワリも食べられていることがわかった。

トラップの奥には入ったけれども、蓋が閉まらなかったということだ。

トラップを持ち上げて、なかに手を入れ、奥の板を軽く押してみると、〝かかり〟がはずれて蓋は閉まった。**トラップは正常だ。**

ではなぜ？

そこで私はやっと事情を理解した。

これは少し困ったことになった。

つまり、子ネズミのミミは、体重が軽すぎて上に乗っても奥の板が下がらず、蓋が閉まらないのだ。つまり、今のミミをトラップでは捕まえることができない、ということだ。

どうすればよいか？

方法は一つしかない。**せっせと美味しい餌を与えて、ミミを太らせるしかない。**

これは長期戦になるなと思った。

予想どおり、長期戦になった。

幸い、研究室のなかに、アカネズミのニオイが漂うようにはならなかったが、そこらじゅうに、ミミの痕跡が見られるようになってきた。

机の上に置いている箱庭里山のコナラやクヌギの幼木の新芽がかじられたり、貝殻が散らばっていたり、床に小さな糞が落ちていたり……。見えないところでもミミは確実に痕跡を残しているに違いない。

見えないところでの糞や尿の心配もさることながら、どこかで、紙や枯葉を集めて巣をつくっているに違いない。

大切な本をかじっていたらどうしよう。

そんなことも心配しながら、ただただ、ミミの体重が増えてくれることを願って、ヒマワリの種やピーナッツやミカンなど、カロリーが高くミミが好きそうなものをせっせと床に並べていった。

トラップを仕掛けはじめてから、半月ほどたったある日の朝、四つのトラップのうちの一つの蓋が閉まっているのを見た。

ついにこの日が来たかと感慨にふけりながら、蓋が閉まっているトラップを手に取り、なかをのぞいてみると、ミミがいた。太ったというか、〝外〟での生活で精悍な顔になったように見えた。


それから数日して、ミミが残した糞や、床に散らかっている餌の破片などを始末しておこうと思いたち、研究室の隅々まで掃除機をかけていたときのことである。

机の下に掃除機の吸いとり部分を押しこんでゴミを吸いこんでいたら、吸いとり口に何かが吸いついて口をふさいだらしい。**独特の音がして、独特の震動を感じた。**

掃除機のスイッチを切って吸いとり部分を机の下から引き出してみると、口には、ミミが巣材にしていたと思われる、細長い形にかじりとられた紙と、上部がミミにかじられたと思われる薄緑色の封筒がつまっていた。

その封筒にはうっすらと見覚えがあった。

それは、以前、銀行から下ろした研究費を一時的に保管していた封筒だった。しかし、その封筒も使わなくなって久しく、どこへ置いたのかも、そもそも、その封筒の存在自体も忘れていた。

なんとなく見覚えがあるなーと思いながら、吸い口から封筒を取って**なかをのぞいてびっくりした。**

一万円札が入っていたのである。

封筒の上部はかじられていたが、幸い、札にはまったく傷はついていなかった。

おそらく、こういうことだろう。

私が使っているスチール製の机の一番下の引き出しは、机の外側に開いた構造になっており、机の外からでも入ることができる。

その引き出しの奥には、もう私もその存在すら忘れ

脱走したミミが巣材に利用していた封筒から出てきた1万円札。アリガト

てしまったような紙がたくさんあり、ミミはそこから紙を引き出しては、かじって切りとり巣材にしていたのだろう。巣は、机の下につくられていたと思われる。

そして一万円札が入ったまま、私の記憶の片隅に追いやられていた封筒を、ミミは引き出しから引っ張り出してくれていたのだ。

もしミミが引っ張り出してくれなかったら、封筒のなかの一万円札はどうなっていただろうか。

運がよければ、私が研究室を去るとき、引き出しの奥に封筒を見つけ、かすかに残る記憶にうながされて封筒のなかを調べ、一万円札を発見したかもしれない。

しかし、そうなる可能性は、けっして高くはない。

むしろ、私はそのとき荷造りで疲れていて、引き出しの奥の紙束をいちいち確認したりはせず、まとめてゴミにする可能性のほうがずっと高い。

封筒のなかの一万円札を見ながら、これは**ミミがくれた一万円札**だと思った。

その一万円札は、上のほうがかじられた封筒とともに、いつまでも残しておこうと思っている。

野外実習の学生たちを“串刺し”に走りぬけていった雌雄のテン

どの動物も雄はけなげである

私は大学で、二年生を対象にした、保全生態学実習という授業を受けもっている。たまには教員らしい真面目なこともやっているのである。

生態学系の実習というと、夏の長期休暇などに集中して行なうケースをよく聞くが、私の場合は、通常の講義と同じく、毎週行なう。受講人数は二〇人に制限し、五つのグループに分けて行なっている。

一回二～三時間程度で、四つくらいのテーマについて、ある週、「野外実習」を行なうと、次の週はそれにもとづいた「各グループによる結果発表と質疑応答」を行なう。

自然体験初心者が多くいる受講者に、気持ちのよい実習を体験してもらいたいので、雨の日は、野外実習は講義に切り替える。蚊が出る時期までに、森での実習はすませておき、それ以降は、河川や池、高山での実習を行なう。現代学生の状況に合わせてハードルを調整するのである。

ちなみに、私は雨は気にならないが、蚊は苦手である。

夏近く、個人的なアカネズミの調査で、大量の蚊が潜む森に行くことがある。トラップに入ったアカネズミの体重を量ったり、ネズミにマークをつけたりしているとき、おそらく体からの熱や汗、口から出る二酸化炭素などに反応するのだろう。いくら蚊除けの処置をしていても、顔の周りにくろだかりの蚊が、嫌な音を無数に響かせながら集まってくることがある。特に、動かずに、じっとして作業しているときには、蚊はどんどん増えてくる。

もちろん刺される。あまりたくさんの蚊に刺されると、私の場合、しばらくして、心臓の鼓動が激しくなる。(命に別状はないのだが。)

でも、もちろん、アカネズミの調査は楽しいし、仕事でもあるので、次の日も蚊の大群に大歓迎されながら、作業をする。

ヤギやウシ(おそらくその仲間のシカや水牛なども同じだと思うが)では、蚊やハエ、アブといった血を吸う小型昆虫による被害は大きいのではないかと想像する。

というのは、ヤギやウシは、尾や頭を振ったり曲げたりしても届かない胴体の部分の筋肉を、局部的に震わせることができる。蚊やハエ、アブが血を吸おうとしてそこにとまったとき、筋肉を震わせて、追い払うのである。とても人間にはまねのできない筋肉の動かし方である。

その筋肉の作動能力は、〝吸血昆虫〟防衛戦略として進化的に生じたものではないかと思うのである。もしそうだとしたら、そのような能力の進化が生じるほど、ヤギやウシなどでは、吸血昆虫からの被害をうけてきたということになる。

横道にそれたが、とにかく、私は、楽しくて、ためになる実習を、真面目にやっているということである。

実習の概略的なテーマは、

「河川・水辺・岸の生態系の保全と管理」
「池や小川を含む森林の生態系の保全と管理」
「外来魚：ブラックバス、ブルーギルの捕獲と胃の内容物の調査（および各グループごとでの料理・試食）」
「植生の違いと土壌動物の種類との関係」
「冬期湛水不耕起水田の生態系」
「高山のブナ林を中心とした生態系の観察」

などである。

左ページは、私が大学で行なっている保全生態学実習の一場面。
上から順に、水辺生態系実習、森林生態系実習、土壌動物実習、外来魚の食物調査実習、氷ノ山実習。ほかにも海辺生態系実習、孤立化山林の野生動物実習など、私が楽しめることを一番に考えている

（最後の、「高山の……」をのぞいて、ほかのテーマはすべて、大学のキャンパス林やその周辺に調査地がある。わが大学は、自然に恵まれた大学なのである。）

これらのなかから、毎年、受講学生の希望も聞いて、四つほどのテーマを選んでいる。

実習の最終的な目標は、「（つたなくてもいいから）自分たちで努力して調べた結果をもとに、それぞれの調査地を、私（小林）が指示したような場所にするための具体的な提案をしてほしい」ということである。

〝私が指示したような場所〟というのは、調査地によっていろいろであり、たとえば、「池や小川を含む森林の生態系の保全と管理」では、「調査地の森林を、生物の多様性が保持され、かつ、子どもたちが生態系について学ぶことができるような森にするためには、どのような管理や保全計画を行なったらよいか」というものである。

実習では、まず最初に、調査地全体（一〇〇メートル×一〇〇メートル程度の広さ）の概略的な把握から始める。

その調査地全体が含まれる航空写真を用意し、その写真を見ながら区域内を歩きまわる。そして、歩きまわりながら発見した野生生物を、巣穴や足跡、食べ跡なども含めて写真に記録し、同時に、そのスポットを航空写真のなかにマークする。

私は、この〝調査地全体把握のための歩きまわり〟は、後の調査地の管理・デザインになくてはならない、特に重要な活動ととらえている。したがって、その準備には前もって大きなエネルギーを費やす。私にしてはめずらしく、入念な計画をしておく。

学生たちが、その区域に興味関心をもち、一つの統一的な構造体として認識してほしいという思いがあるのである。

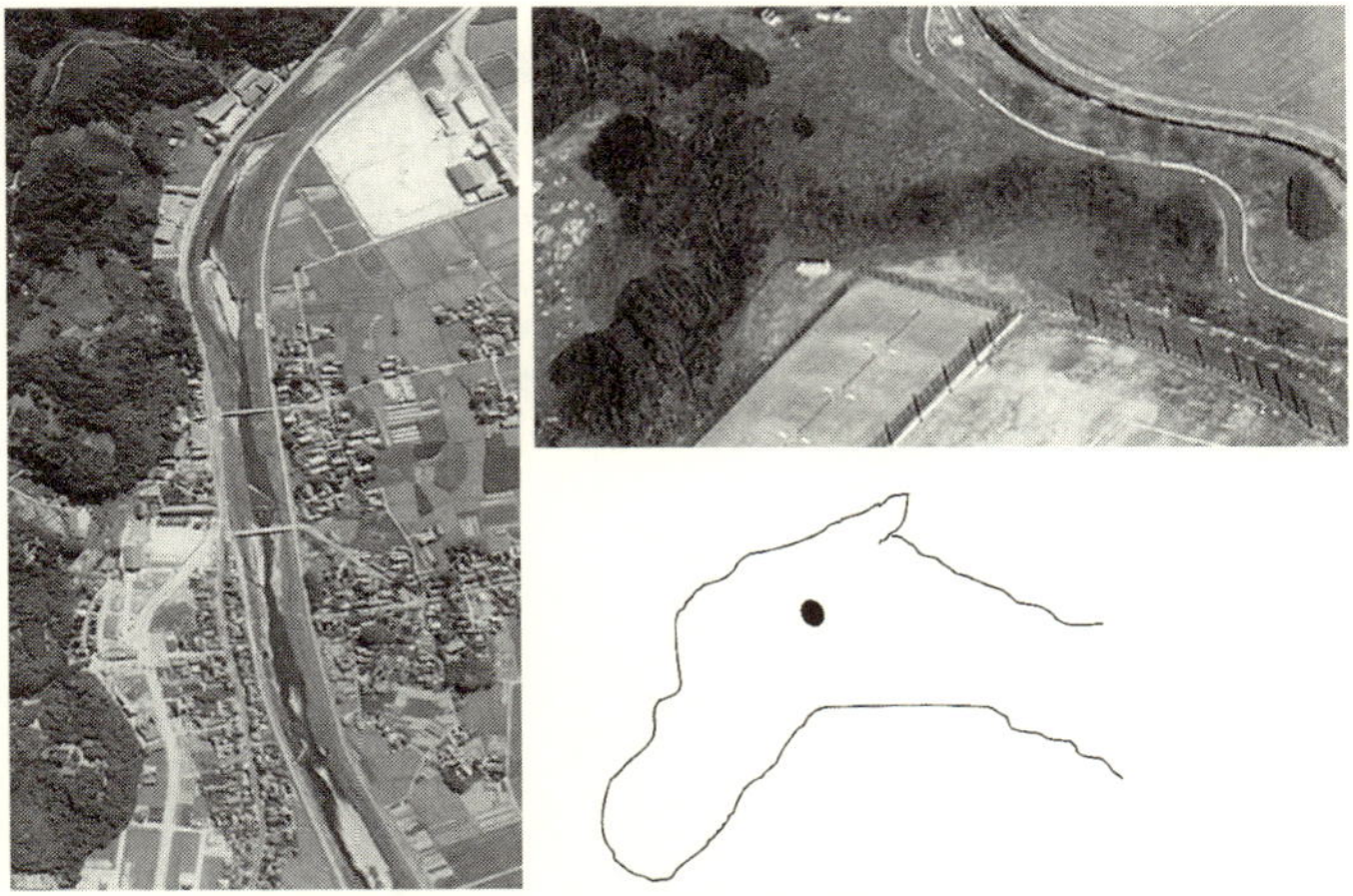

左は、水辺生態系実習で使用する航空写真。これで調査地の全体像を把握する。
右上は、森林生態系実習で使用する大学林の航空写真。まずこの写真を受講生に見せ、強制的に、調査林がヘラジカの顔（右下）に見えるように説得し、その後、ヘラジカ林とよばせる

たとえば、「池や小川を含む森林の生態系の保全と管理」を例にとってみよう。

まず一回目の実習では、航空写真を見せて、われわれが対象にしている区域をヘラジカ林とよばせる。よく見るとヘラジカの横顔にも見えるではないか。（首をかしげる学生がいたら、後でよんでゆっくり話をする。）

そうすることによって、「その区域が全体的なまとまりに見えてきて、また、愛着もわく」という私の深遠なねらいがそこにはあるのだ。

次に、森のなかに入っていくわけだが、ヘラジカ林のなかには、「学生にどこを見せればよいか」を考え、試行錯誤を繰り返しながらつくった道がある。

この道の作成は実に苦労した。（なにせまったく道がない林のなかに道をつくるのだから。）

アカネズミが巣穴にためたドングリが、同時に出芽したと思われるシラカシの幼木たち。実習ではまず調査林全体を歩いて、その全体像を把握する。毎回、意外な発見に出会う

学生（五グループ、二〇人）が、がやがや言いながら私について森に入る。

森で彼らが発見するのは、次のようなものである。

「アカネズミの巣穴やコナラのドングリの食べ跡（かじられた殻）」

「前日仕掛けられたトラップにかかったアカネズミ」

「テンの糞」

「池から流れ出る水路のなかのカスミサンショウウオの雄や卵塊」

「木や草に産みつけられたモリアオガエルの卵塊」

「タヌキの溜め糞」

「タヌキの巣穴（タヌキは自分で掘ったものではなく、アナグマが掘って放棄したところを使っている）」

「溜め糞から生えて育った柿の幼木」などなど。

「ノウサギの糞」や「アカネズミが巣穴にためたたく

根元を見ると、ほらっ、ドングリが

さんのドングリからいっせいに生えたと思われるシラカシの幼木」「シラカシの林の地面（腐植層）に潜むカスミサンショウウオの幼体や成体」といった、年によって偶然見られるものもあるが、少なくとも最初にあげたものは、まず必ず見えるように道はつくられている。（くどいようだが、私がつくったのだ。ほんとうは、学生のYくんに少し手伝ってもらった。実を言うと、Yくんにかなり手伝ってもらった。）

そして、二回目の実習で、森のなかに一〇メートル四方の枠をとり、その枠のなかの植生調査を行なう。

高木層と亜高木層、低木層、草本層に分け、それぞれの層に見られる植物を表に記録していく。また、その植物の葉が地面を覆う面積も記録する。

学生たちは植物の名前をほとんど知らない。だから、その場で事典を調べていたのでは時間がいくらあっても足りない。

私は、あらかじめ調査地にある植物を写真で撮り、名前を明記し、実習冊子に閉じこんでいる。それを見れば、学生たちは、なんとかそれぞれの枠内の植物を同定できる。もちろん私も近くにいるので学生からのリクエストがあればすぐにとんでいって、名前と識別のポイントを伝えることができる。

このように、実習のシステムは細部にわたるところまで、入念・精密な組み立てがしてあるのである。

また、枠内の、特定の樹木（シラカシとかコナラなど）に着目して、できるだけもれなく幹の太さを測っていく。この調査を行なうと、森がその後、どう変化していくかなども予想できる。

三回目の実習では、一、二回目の実習で得られた調査結果を総合し、私が指示した課題「調査地の森林を、生物の多様性が保持され、かつ、子どもたちが生態系について学ぶことができるような森にするためには、どのような管理や保全計画を行なったらよいか」に沿って、各グループで相談し、発表し、全員で質疑応答をするのである。

ちなみに、そのときの羅針盤は、「人とのかかわりを計算に入れたうえでの、生態系の生物多様性と持続可能性」である。これは、対象が、森であっても、河川であっても、海岸であっても、何でも同じである。

少し固い話になったが、実習はとにかく楽しくやることが大切である。

だから私は、それぞれの実習に、〝面白く、それでいて、ためにもなる〟何かを一つ入れるようにしている。

たとえば、「池や小川を含む森林の生態系の保全と管理」であれば、体内の〝ストレス〟の参考指標になると考えられているアミラーゼ（唾液のなかに含まれる）の濃度を、森に入る前と森で活動した後とで比較する……とか。

「外来魚：ブラックバス、ブルーギルの捕獲と胃の内容物の調査」であれば、ブラックバスやブルーギルが食べているものを調べた後、各グループごとに料理して、試食する……とか。

この〝料理して試食〟は、日本の在来水生動物の保

実習の合間の息抜きに、「森林内で過ごすと、“ストレス”を反映する唾液中のアミラーゼ濃度が減少する」という仮説を試しているHくん

鳥取市のある池で釣ってきたブルーギルやブラックバスを調理している学生たち。フライや炒めもの、鍋ものなど多彩な料理ができあがった。短時間でなかなかやるじゃない！

護という面からも大切な意味をもっている。つまり、〝キャッチ&リリース（釣ってまた逃がす）〟はやめて、〝キャッチ&イート（釣って食べる）〟にするという意味である。

在来水生動物に特に大きな被害を与えているブラックバス、ブルーギルは、〝キャッチ&リリース〟をしてはならないのである。それが、彼らの本来の生息地である北アメリカから勝手に、連れてきて、湖や池に放流してきた人間の責任なのである。

さて、最近、「池や小川を含む森林の生態系の保全と管理」の実習の最中に、ちょっとした**事件が起こった。**

実習の二回目で、各グループに分かれて、調査枠内の植生を調べているときのことだった。斜面の下のほうの、シラカシの大木が茂る枠を調べていたグループの一人が、

「わーっ！何か走っている」

と言った。するとそのグループのほかのメンバーも、

「わーっ、何これ！」

と、だんだん騒がしくなってきた。

近くにいた私が目をやると、なんと二匹のテンが、一頭が一頭を追うようにしながら、学生

たちのすぐそばをジグザグに走っているではないか。私はすぐに、「それはテンだ。雄が雌を追っている。求愛行動のようなものだ。よく見ておきなさい」と言った。すると学生たちは正体がわかって少し安心したのか、「へーっ、テンか」と興奮気味にしゃべっている。そして、「かわいい」「かわいい顔をしていた」と言い出す女子学生まで出てきた。

次にそのテンたちはどうしたか。

一つのグループのなかを走りぬけたかと思うと、今度は、斜面上部の、コナラの木が茂る枠を調べていたグループのなかにとびこんだ。

誰かが**「わーっ！　こっちへ向かってきた」**と言った。

「テンだ。テン！」といった言葉がグループのなかから起こる。

そして、テンたちは、少し斜面を下った後、また上に向かって走り、今度は、三番目のグループのほうへ走っていった。

三番目のグループでも、「テンがこっちへ来た」と大きな声を出している。

私はこうなったら、四番目、五番目のグループのなかにもとびこんでくれ、と思ったが、さすがにテンたちはそこまで親切ではなかった。三番目のグループをぬけたテンたちは、そのまま斜面を上へと走り去っていった。

それでも、テンたちは、偶然にも、三つのグループを串刺しにして走りぬけてくれ、その姿を学生たちに見せてくれたのだ。野生のテン、それも、雌雄の求愛行動の一部を見る機会はそうあるものではない。これもひとえに、道を切り開いて、入念な実施計画を行なった私の努力が実った必然的な偶然に違いない。

私はその場を逃さず、学生たちにテンの行動について次のような説明をした。


テンの求愛の時期は、五～六月だから、今がちょうどその時期に当たる。

雄が雌を追いかけて交尾を迫るのだが、雌はすぐにはＯＫを出さず、**逃げながら、その雄についていろいろな情報を得ている。**その雄の特性を探っているのだ。おそらく、運動能力とか忍耐強さといった特性だろう。そして、この雄と交尾していいかどうか考えているのだ。

二匹とも興奮しているから、皆のことが目に入らなかったのだろう。

ところで、森に入るとき見つけた「テンの糞」のことを思い出した人はいる？

さっきのテンたちの糞かどうかはわからないけれど、この森には確かにテンが棲んでいるんだね。

テンがとびこんでくれなかった二つのグループの学生たちは残念がっていた。

一騒ぎの後、学生たちはテンの余韻を残しながら植物の調査を再開した。

さて、この話には、少し〝おまけ〟がある。

実習を終えて、大学まで帰った後、私は、調査地に自分のカメラを忘れてきたことに気がついた。

一瞬ひやっとした。（なにせそのなかにはこれまでの大切な記録が入っている。以前、カメラをなくして、大事な記録をぱーにしたことがあった。）

しかしすぐ、カメラを木の枝にかけたのをはっきり思い出した。すぐへラジカ林へ向かった。

カメラは思ったところにあった。

ほっとして帰ろうとしたとき、視野に二匹のテンが映った。

状況から考えて、学生たちのグループを〝串刺し〟にしたあのテンたちに違いない。まだやっていたのか。

しかし、今度は〝串刺し〟のときとは少し様子が違った。二匹はシラカシの大木の下で速度をゆるめた。そして二匹が絡むようにして飛び跳ね、雄と思われる個体があおむけのようになって雌のほうに体をにじり寄らせている。そんなことがシラカシの木の周りで数十秒続いただろうか。また雌がその場を離れ、斜面を駆け上っていくと、雄がまたその後を追った。

私が立っていたのはシラカシが森の最上層に広がる、うっそうとした場所である。心地よい暗さと温度である。蚊もいない。シラカシの大木を背にして座り、ぼんやり考えた。

何を？

——雄のけなげさである。

私は雄なので、どうしてもそちらの立場から感情がわいてしまう。

私は、平野部の河川や水辺に生息するアカハライモリやスナヤツメの保護活動を行なっているのだが、アカハライモリの雄の雌への求愛もかなり〝忍耐強い〟。けなげである。

アカハライモリの雄は、四〜七月頃、毎日雌に求愛する。

雌の鼻先に、自分の首が接するように定位し、尾を折り曲げて波打たせ、自分の肛門から雌の鼻先に向かう水流をつくるのである。

その水のなかには、雄の肛門分泌腺から出た物質（物質は、万葉集の額田王《ぬかたのおおきみ》の恋歌〝君が袖振る〟から取ってソデフリンと名づけられている）が含まれ、それが、雌への求愛メッセージとして機能することが知られている。

（ちなみに、私は、雄の求愛メッセージは、この物質だけではなく、雄の尾の先端が雌の鼻先に触れて引き起こす物理的な刺激も、一役買っていると思っている。というのは、求愛の時期だけ、雄の尾の先端に、これまで知られていない変化が起こることを最近発見したのである。その変化の内容は、まだ言えないのだが……。）

尾を曲げて揺らし、一生懸命雌に求愛する雄のアカハライモリ（下側）。
たいていは雄の求愛は実らず、雌は雄を振り切って去っていく

雄の熱心な求愛にもかかわらず、たいていは雌は雄を振り切ってどこかへ行ってしまう。もし雄の求愛をOKしたら、雌は雄の後をついていく行動に移る。そうなると雄は前に進み、その途中で、精子の入った袋（精嚢）を肛門から水底に落とし、また前進する。そのまま雌が雄についていくと、雌の肛門が精嚢の上を通ることになり、雌は、（どうやって精嚢を感知するのかわかっていないが）自分の肛門のなかへ精嚢を吸いとり、自分の卵の受精にそれを使う。

しかし、**雌は、なかなかOKを出さないのである。**

私は野外で三年ほどアカハライモリを観察していて、数百回以上、雄の求愛行動を見ていると思うが、雌がOKした例は一〇例ほどである。

雌に振り切られた雄は、それでもあきらめない。

追いすがってまた雌の前に回りこみ、尾を揺らして求愛行動を行なう。

それでも雌はまた振り切って、最後は、求愛ができないような、水際の草の下などに入りこんでしまう。

するとやむをえず雄は、その雌をあきらめ（気の毒！）次の雌を探しにいく。

ちなみに、雄は雌を肛門からのニオイ物質で認知する。だから、まず同種を見つけると、肛門に鼻をつける。雄が雄の肛門に鼻をつける行動もよく見られ、そんなときは「何だ、雄かよ」と言わんばかりに、すぐ離れていく（髪の長い魅力的な後ろ姿の人に後ろから声をかけたら、振り返った顔は男だった、みたいなものだろう）。そして、雌だとわかるとまた熱心な求愛を始める。でもまた、逃げていかれ……。

なんともけなげである。

同じ雌に求愛を続けるのではないので、けなげというより〝節操がない〟と言うべきなのかもしれない。

でも、やはり、同性の雄として、同情の念がわき上がる。

そして、**テンの雄もけなげである。**

少し雌の側からの論理もお話ししておこう。

テンも含めて、そして、人間も含めて、多くの動物の雌には、「その雄の精子（正確には遺伝子）を受けとったとき、自分や自分の子どもがどれだけ得をするか」をじっくり探ろうとする特性が備わっている。

その理由は、受精卵から子育てにいたる一連の過程で、小さな精子だけを提供する雄に比べ、雌は栄養たっぷりの卵の提供や、体内での胚の保護や栄養の供給、場合によっては、出産後の授乳など、大きな負担を強いられることになる。だから、交尾相手の選択は、雄よりも雌のほうが慎重になるのである。競馬に、一〇〇〇円かける場合と、一〇万円かける場合とでは、慎重になる度合いが違うようなものである。

ちなみに、このような雌の特性は、植物でも知られている。

たとえば、めしべ（なかに卵が含まれる）の頭の部分は、たくさんの花粉（花粉は、なかに精細胞をもっており、小さいけれど動物での雄個体にあたる）をくっつけることができるような構造になっている。めしべの頭についた花粉からは花粉管がのび、花粉管はめしべのなかの卵に向かって、のびていく。そして、花粉管のなかの精細胞も、花粉管の伸張にともなって、卵に近づいていく。

めしべの頭についたそれぞれの花粉はすべて、花粉管をのばして、自分の精細胞（正確に言えば遺伝子）を卵のなかに送りこみたいのであるが、そこで、ほかの花粉がのばしている花粉管と競争をしなければならない。そして一番早く卵にたどり着いた花粉管の精細胞だけが、卵のなかに入りこめる。

雌の側から言えば、めしべにたくさんの花粉をつけ、それらの花粉の間で競争をさせ（慎重に選び)、一番早く卵細胞に到達した花粉(雄個体)の遺伝子を受けとるわけである。

さて、植物では、雌は、より丈夫で早くのびる花粉管の遺伝子をもっている雄(花粉)を選ぶわけであるが、動物の場合も似たようなものである。

たとえば人間の場合、女性は、少なくとも数万年前の社会では、狩猟がうまく、配偶者や子どもを守る能力に長《た》けた男性を選ぶ傾向があったと考えられている。

現代では、財や地位といった、獲物の代替物を得る能力や、配偶者や子どもを守る能力に長けた男性を選ぶ場合が多いことが、世界中のさまざまな国や地域で確認されている。(ちなみに、それは単に、〝そういうケースが多い〟ということだけを示しているにすぎない。)

また、現代に生きる狩猟採集民についてのある研究では、女性に好まれやすい男性の性格のなかには、〝忍耐強さ〟や〝やさしさ〟という特性もかなり上位の優先要素として含まれることもわかっている。もちろんそれらは、「獲物の代替物を得る能力や、配偶者や子どもを守る能力」にも深くつながる特性ではあるのだが。

シラカシの大木にもたれて、そんなことをぼんやり考えていたら、ふと、高校生の頃からの私自身の求愛行動のことが頭に浮かんできた。

あのとき、もう少しあきらめず忍耐強く行動していたら。

あのとき、もう少し彼女のことを思いやって、ゆっくりあせらず求愛を続けていたら……。

けっして悔やんでいるわけではなく（ここをしっかり言っておかないと、妻に読まれたら、それはもう……）、動物行動学的に、客観的に、そんな因果関係的仮説が脳内回路に生じた。

しばし森のなかで、思索と回想にひたった後、カメラを忘れないように注意しながら、来た道をもどった。

野生は、いろいろな意外性に満ちているから楽しい。

今日も充実した一日だった。そんな思いで森を出た。

ありがとう！

自分で主人を選んだ
イヌとネコ

動物たちの豊かな内面を認識すべきとき

今年の二月、私の家族は引っ越しをした。鳥取駅から一キロほど北西にあった借家を後にし、そこから二キロほど西、日本海から一キロほど南にある二階建ての借家である。近くに鳥取空港があり、たまに飛行機の音が聞こえる。

さて、二階のベランダからは、隣の家のイヌが見える。柴犬を基調に、ほかに何か別の系統が入ったような、柴犬的雑種である。中型で、体はベージュ色、黒くて大きな目がとても愛らしい。

ただし、そのイヌはよく吠える。おそらく番犬としての期待も背負わされているのだろう。引っ越しの挨拶に、はじめてその家に行ったとき、私と妻を見て一生懸命吠えた。でも、われわれにはまったく効き目はない。

妻が**「しっかりお仕事しているのね」**と声をかけていた。

けなげな姿はとてもいとおしく、われわれはそのイヌに触りたくて、「よだれが出るね」と話した。(実際われわれは、たとえばラブラドールの子犬を見ると頭がぽーっとしてよだれが出る。病気かもしれない。)

名前はクロというらしい。(小さい頃は黒色だったのだろうか。)

その後、私が家のなかにいるときも隣の玄関で、たまにクロが吠えるのが聞こえた。クロちゃん仕事してるな、とほほえましく思った。

しばらくして、町内会で回覧板が回ってくるようになった。幸運にも、回覧板の順序は、わが家の次がクロちゃんの家であった。**クロちゃんに会える口実ができた。**

一回目の回覧板を持っていったとき、家の前の道路に現われた私を見て、クロは吠えはじめた。

私は、まーまーそー吠えるなよ、と言いながら、吠えているクロの近くにしゃがみこんだ。そしていろいろと話をした。「生まれはいつか」とか、「何が好きなのか」とか、「最近体調はどうか」など、たいした話ではない。

クロは依然として吠えているが、その頻度が減っていった。表情に「こいつは何か違うぞ」という様子がありありと見えはじめた。

今回は、クロに、私のことを知ってもらえればいいという程度の思いでやって来たのだが、これなら、もうすぐにでも親しくなれるかもしれない。よく吠えるけれども、性格は少し恥ずかしがりや、人なつっこい性格だと思った。

クロとの距離を少しつめ、顔をつき出だして、「クロちゃん、クロちゃん、いい子だね」、そんな言葉を数分繰り返した。するとクロは、まったく吠えなくなり、リラックスして地べたに体を伏せ、休みはじめた。時々私を見つめる目も穏やかだった。

よし大丈夫だ。

私は手を地面に這わせながら、「クロちゃん、クロちゃん」と言いながらクロの前足へと手を近づけていった。そして、足に触り、少しずつ頭のほうへと手を移動させていった。

イヌが気持ちよく感じる場所は心得ている。喉や背中、耳の後ろなどをゆっくり、慎重になでてやった。

思ったとおり、クロは時々目を細めて気持ちよさそうな顔をしている。

今日はここまでだ。

「じゃクロちゃん。またね」と言ってひきあげた。

一〇日ほどして、次の回覧板がきた。

よし、やっときたか。私は勇んでクロの家、いや、クロの飼い主の家へと出かけていった。

クロの記憶に私は残っていたらしい。

家の前の道路に突然現われた私に、はじめは吠えたが、「おい、クロ。オレ、オレ」とわけのわからないことを言いながら近づくと、クロは、ピタッと吠えるのをやめ、私をじっと見ている。今度は、いきなり、顎から喉、頭、背中、体全体をなでてやった。

「じゃ、またな」

私もなごりおしかったが、クロもそうだったに違いない。振り返ると、立ち去る私をずっと見ていた。

それからまた一〇日ほどして回覧板がきた。

このときは、クロは、家の前に現われた私を見てまったく吠えなかった。地面に伏していたが、私が「おい、クロ」と言うと、起き上がって尾を振り、**「待ってたんだよー」**と言わんばかりに、こちらを向き、つないである紐がピンと張った状態で、その場でぐるぐる回っていた。

近寄って体をなでていると、クロが**何かおかしな動作を始めた。**頭を下げてひねり、頭の上面を地面にこすりつけるような動作である。私は、なでてほしい場所を私に提示しているのだろうと思ったが、それは半分当たって半分間違っていた。

クロは人間の赤ん坊のように、完全にあおむけになったのである。そこにいたって、私は動作の意味をやっと了解した。
その動作は、オオカミの群れで、若い個体が、ボスに対して完全服従を示すときにとる姿勢であった。噛まれると最も危険である腹部を提示することによってボスへの服従の意思を伝えるのだろうと考えられている。

そして、ということはつまり、クロは私をボスとみなしているということになる。

もし、そうだとしたら、それは**うれしいことでもあるが、困ったことでもある。**私は、飼い主ではないからである。たまにやって来て、親交を交わす仲間にすぎないからである。

私は、クロの体を起こして立ち上がらせて、頭を何回もなでてやった。そして、これからは、少し気をつけてクロと接しようと思ったのである。

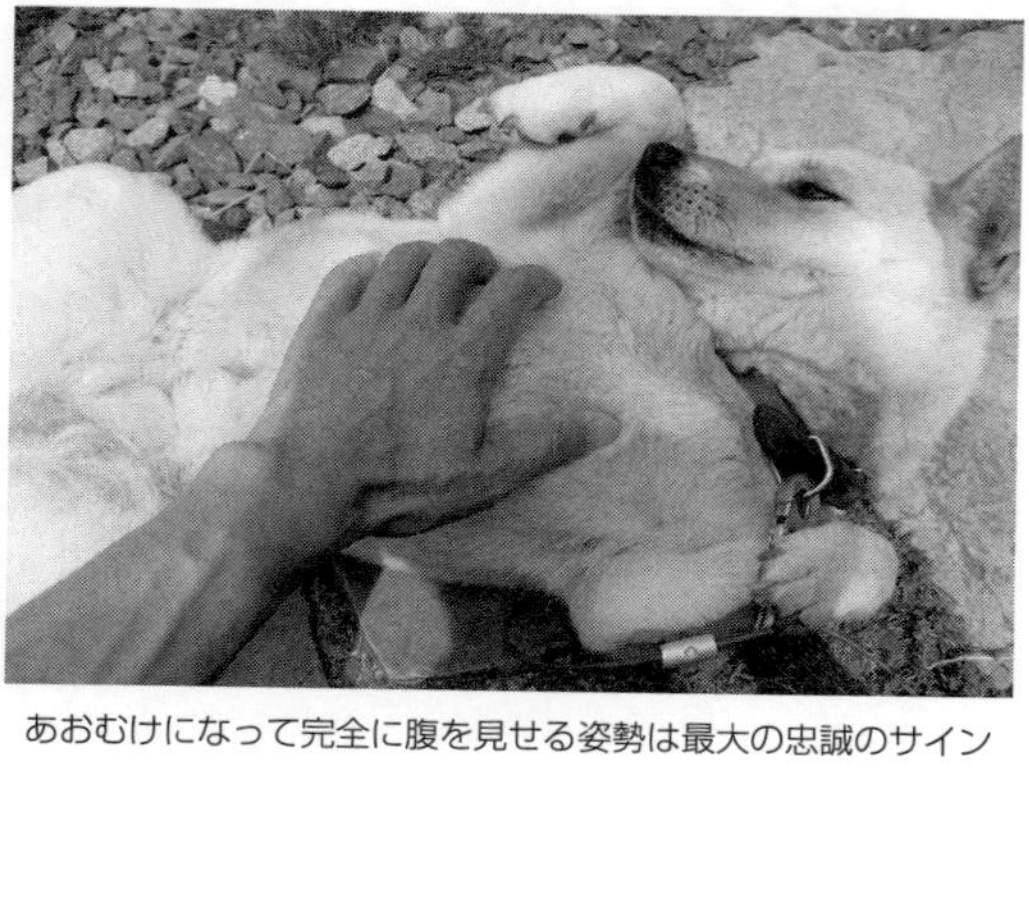
あおむけになって完全に腹を見せる姿勢は最大の忠誠のサイン

そんなことがあって、私は、以前、接したあるイヌのことを思い出した。

私には、というか、私の家族（息子が一人と妻が一人）には、忘れられないイヌである。

その頃私は、妻とまだ二足歩行も十分できない幼い息子と三人で、小さな一戸建ての借家が二列並ぶ借家群の一角に住んでいた。周囲には田んぼもあった。

向かいの借家には、お父さんと小学生の姉弟（MちゃんとKくん）の家族が住んでおられた。姉弟は活発・利発な子どもたちで、私や妻や息子とよく話をしていた。特にMちゃんはわが借家に頻繁に来て、妻とよくしゃべっていた。息子もよく遊んでもらっていた。

二列の借家群の向こうには、幅五〇メートルほどの駐車広場を挟んで、さらに別な借家群があった。（ちなみにわれわれの借家は平屋で、向こうの借家は二階建てであった。）Mちゃんはそこに住む一人の女の子（名前を忘れたので仮にCちゃんとしよう）と友達だった。お互いに家を行ったり来たりして遊んでいた。

（ここからの話は、妻やMちゃんの家族から聞いた話もまじえて書いている。）

Cちゃんには、中学生になるお兄ちゃんがいた。（仮にDくんとしよう。）

Dくんは一匹のイヌを飼っていたが、Mちゃんはその家に遊びにいくたびにそのイヌともよく遊んでいたという。

ある日、そのイヌが、つながれていた鎖をちぎってMちゃんの家にやって来た。Mちゃんに会えたそのイヌは大変喜んでMちゃんにとびついたりMちゃんの口をなめたり、大はしゃぎだったという。

おそらくMちゃんはイヌの心を読む能力に長《た》けており、イヌを大切にする人物だったのだろうと思う。たとえば、Mちゃんは、イヌに口をなめられてもずっとそのままにしておくという。それはイヌにとって大変うれしいことなのである。

もちろん、Mちゃんはそのイヌが、鎖をちぎって来ていることをCちゃんに伝えた。そしてDくんがイヌを迎えにきた。

ところがそのイヌはそれから数日して、今度は首輪をはずしてMちゃんの家にやって来た。Mちゃんのお父さんの話によれば、イヌは、たまたまその日夜遅く帰宅したMちゃんを、家の前でずっと待っていたという。帰ってきたMちゃんを見てイヌは喜び、まとわりつくようにして家のなかまで入ってきたそうだ。

でもイヌはDくんの家のイヌである。またDくんが連絡をうけて連れにくる。そんなことが何度か繰り返された。

Dくんの家でも、首輪はしっかりしたというのであるが、そのイヌの**必死の思いが奇跡的な脱出を成功させたらしい。**

ある休日、私が庭で、ほとんどイヌのように四つんばいで移動する息子と遊んでいたとき、脱出に成功してきたと思われるそのイヌに会った。

妻から話は聞いていたが、直接会ったのははじめてであった。しかし、ああ、これがあのイヌなのだろうと直感した。

中型の雄で、体は全体的に黒っぽく、白と茶の毛が幾分まじっていた。日本犬のように耳はピンと立ち、尾はくるっと巻いていた。やさしそうで、それでいて強い意志を秘めた目だったと思う。「精悍で哲学的な顔立ち」というと少し擬人化しすぎか。動作は堂々としており、身のこなしなどから私は、**これはただものではない**と思った、ほんとうに。

息子はそのイヌを以前から知っていたようで、イヌを見るとニコッと笑って懸命にハイハイしながら近づいていった。通常なら、赤ん坊とよそのイヌという組みあわせは危険な場面であるが、私はそのとき不安は感じなかった。

イヌは少し向こうへ行きかけたが、息子が近づいてくるのに気づいたのか、歩を止め待っていてくれた。後ろ足にもたれかかるようにする息子の口をぺろぺろなめて、少し困ったような顔でじっと息子にされるがままにしていた。しばらくして息子が体から離れた瞬間に、イヌは向こうに歩いていった。

その後、Mちゃんの家とDくんの家とで話しあいがもたれたらしい。そしてイヌはMちゃんの家の、というか、Mちゃんのイヌということになったそうだ。

イヌにはケンという名前がつけられた。Mちゃんの家でケンはさぞかわいがられたに違いない。Mちゃんはもちろん、お父さんも、弟のKくんも皆イヌ好き、人好きな人たちであった。学校から帰ってきたMちゃんの姿を見て、尾をちぎれんばかりに振っているケンを何度か目にした。

ケンは明らかに自分の意志で主人を選んだイヌである。

ケンが正式にMちゃんのイヌになる少し前に、ケンが何度目かの脱出に成功してMちゃんの家にやって来たときのことを妻から聞いたことがある。

誰も帰っていないMちゃんの家の前をうろうろしているとき、Dくんがケンを連れて帰ろうと、鎖と首輪を持ってやって来たそうだ。ケンはMちゃんの家のすぐそばにいつも置いていた私の車の下にもぐりこみ、Dくんが体をつかもうとして手を入れると**「キャイキャイキャイーン」**と悲鳴のような大きな声をあげたという。

おそらくこれは**ケンの懸命の作戦だった**と私は思っている。

自分に近づくDくんの手を確かに怖がった可能性もある。しかし、逃げもしないでわざわざ、悲鳴のような声を発するというのは、その発声がもつ効果をケンが知っていてそれを利用しようとした〝芝居〟だった可能性が高いと私は思った。

イヌの〝芝居〟は、少なからぬ動物学者たちによっても報告されている。

一昔前は、そのような解釈は非科学的という見方がされたが、最近の研究によって、人間の〝知能〟に類似した動物における認知や行動の存在が明らかになってきた。

たとえば、ある動物行動学者は、何らかの理由で散歩に行きたくないイヌが、片足を引いて足が痛いそぶりをすることを報告している。

また、ワタリカラスが、自分が餌を隠した場所の近くで、仲間が通り過ぎるまで餌のほうを見ないようにして待ち、仲間が十分に遠くへ行ってからはじめて、餌を引き出して食べることも、厳密な実験によって明らかにされている。

ケンが、Dくんをあきらめさせようとして、意図的に悲鳴をあげた可能性は十分にある。

ちなみに、ケンが必死にMちゃんのもとに〝走った〟のは、けっしてDくんがケンを粗末に飼っていたことを示してはいない。

イヌのような集団性の強い動物にとって、自分のボス、主人との関係は生存にとってとても重要な要素である。意志が強く、思考の冴えたイヌが、自分にとって大きな信頼感や幸福感を与えてくれる主人を選ぼうと必死になることは十分ありえることだろう。

「キャイキャイーン」と激しく鳴かれたDくんは、かなりショックをうけたのだろう。すぐあきらめて帰っていったという。

「自分で主人を選んだイヌ」——そんなイヌを私はもう一例知っている。知っているといっても直接ではない。オーストリアの動物行動学者コンラート・ローレンツ氏が書いた『人イヌにあう』(小原秀雄訳、至誠堂)という本で読んだのだ。

ローレンツ氏は、「動物行動学という新しい生物学の分野を確立した」という業績によって、一九七三年にノーベル賞を受賞した動物学者である。(ちなみに、私は大学生になりたての頃、ローレンツ氏が書いたある本を読んで、当時生まれて間もなかった動物行動学を知り、その見事さに魅せられた。）魚から両生類、爬虫類、鳥類、哺乳類までさまざまな動物の行動に精通し、無類のイヌ好きでもあったローレンツ氏が、自分自身の体験をもとに書いた『人イヌにあう』のなかで、次のような事件を書きとめている。

ローレンツがオーストリアの、ある森林官を訪問し数週間滞在したときのことである。森林官が飼っていたヒルシュマンという一歳のイヌが、滞在二日目くらいからローレンツについてまわるようになった。

ローレンツがそこを去る日、ローレンツはやむをえずヒルシュマンを家のなかに閉じこめておこうとしたが、ヒルシュマンは、ローレンツが家を去ろうとしていることを、そして自分を家のなかに閉じこめようとしていることを見ぬき、ローレンツのそばには近寄ろうとしなかった。（イヌには、人の行動の様子から、その人物が一時的にではなくそこを引き払って去ろうとしていることを察知する能力をもっているとローレンツは断言する。）

そして、雪原を行くローレンツを少し離れながらどこまでも追ってきたという。

すべてを理解していたローレンツは森林官に承諾を得て、ヒルシュマンの飼い主になることを決めた。ローレンツの素振りからそれを理解したヒルシュマンは砲弾のようにローレンツにぶつかっていき、雪中に倒れた主人の周りを喜びながら飛び跳ねたという。

ケンは、ある意味でシンデレラのようなイヌかもしれない。

ケンが主人として選んだMちゃんはその後、借家の近くの住宅地に建てられた大きな家に引っ越すことになる。お父さんの特許製品が大きな会社に売れたためである。一度お宅に招かれたことがあるが、立派な家の中庭で、ケンは、堂々とした風格で横たわっていた。

妻の話によると、ケンはその一帯のイヌのボスであり、首輪抜けをしては自分の縄張りを点検してまわり、そこらじゅうの雌イヌの〝夫〟になっているという。

オオカミの群れでは、繁殖は主にアルファ雄とよばれる最高順位の雄とアルファ雌とよばれる最高順位の雌の間で行なわれる。ケンはオオカミのアルファ雄よりもさらに恵まれている（？）ということになるだろう。

あの精悍な顔立ちと堂々とした立ち振る舞いが雌の心を射止めるのだろうか。そこらで生まれた子犬たちはケンの子どもだろうという、井戸端会議のもっぱらの噂だという。

主人を選んだイヌ——実はケンがMちゃんのイヌになった事件から数年後、**私の家族も、イ**

ヌに似たある動物に選ばれたのだ（と息子と妻は思っている）。

そのイヌに似た動物というのは、ネコである。

ちなみに、ずっと後でわかることだが、そのネコはある家に飼われていたネコであり、偶然だが、飼い主は、ケンのもとの飼い主だったＤくんが住んでいた借家の二軒ほど隣の借家に住んでおられた。

妻の話によると、こういうことだそうだ。

ある春の日の昼時、ガラス戸をあけると一匹のネコが妻を見上げて、いかにも数年来の知りあいであるかのような表情で、ニャーと鳴いた。

妻は思わず**「こんにちは」**と言ってしまったという。

するとネコはごく自然に、あいていたガラス戸の隙間から家の床にするりと上がってきて、電子ピアノの上にちょこっと座った。

あっけにとられる妻をよそに、そのネコはそれから四、五日わが家に居座りつづけたのだ。

そのネコと対面した、当時三歳の息子は大喜びし、すぐに「レオ」という名前をつけた。

レオは昔から家のなかの構造を知っていたかのように、昼間は日が差しこむ、息子のオモチャが散在する部屋で過ごし、夜になると、その隣の、私の本が積み重なった部屋で過ごした。オモチャの部屋ではレオは息子の近くで寝そべることが多かった。

外へ出たいときはガラス戸を前足で掻いて意思表示をした。糞や尿をしていたのだろう。外へ出てもすぐになかに入ってきた。

レオは時々長期間の外出をした。一日で帰ってくることもあれば、四、五日帰らなかったこともあった。帰ってくると妻や息子や私に**「会いたかったよー」**とばかりに体をすり寄せ、ありったけの愛想を振りまいた。そしてまた何日間かずっとわが家にいた。

妻と息子は、レオが家にいるときは毎日餌をやり、蚤が増えてきたと思ったら蚤とり用の首輪をつけてやったりした。

私は私で、ネコ特有のしなやかな体に魅せられて、

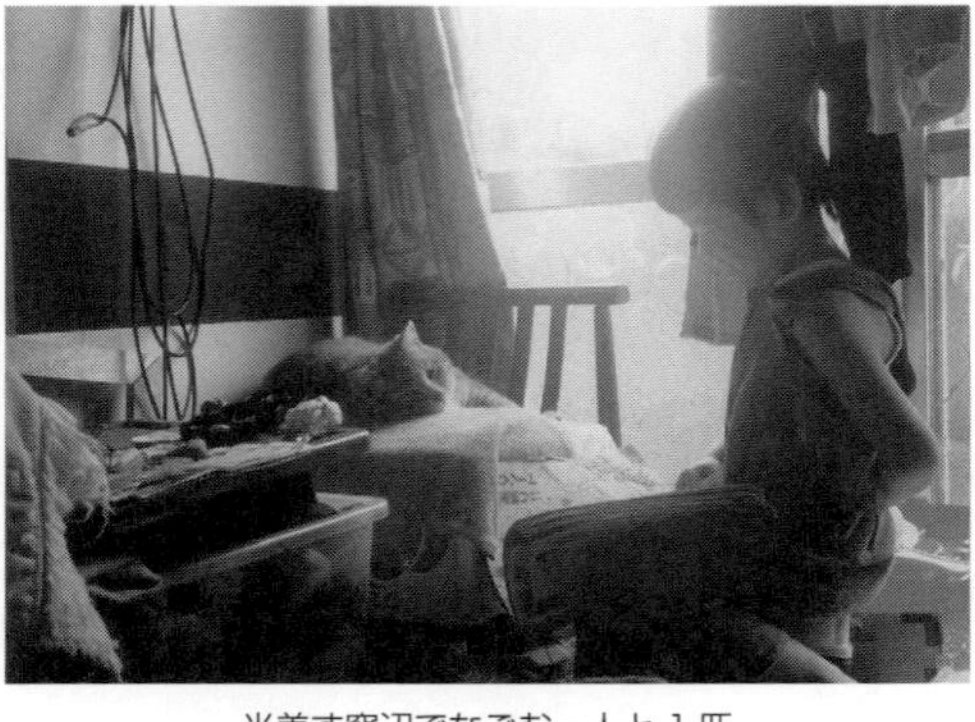

光差す窓辺でなごむ一人と１匹

スケッチをしたり、造形用の粘土で寝ている姿をつくったりした。

要するに、〝うちのネコ〟として接していた。そんなことが数カ月くらい続いた。

そんなおり、妻が井戸端会議で次のような噂を仕入れてきた。


向かいの借家群のEさんの家のネコが家に帰らなくなることが増えて困っている。首輪をして帰ってきたこともあったようでEさんは不思議に思っている……。そんな内容だった。

間違いない。レオのことだ。


妻も私もあっけにとられた。

何かの理由で〝野良〟をしていたが、われわれ家族をみそめて、この家のネコになろうと決めた……そんなネコだとばかり思っていたのに。

時々、何日間か家を空けたりして、何か事情はある様子には見えたが、ネコとは本来そういう動物である。野良をしていたのならなおさらだ。自由にしたらいい。

息子にもそんなふうに説明し、実際、皆そう思っていたのに。

そのレオが、近くの借家の家に飼われていたネコだったとは。

さてどうしたものか。

われわれ三人は傍らにレオが寝そべっているオモチャの部屋で話しあった。

やはり先方に事情を話したほうがよいだろうか。

誰が何と言って話すか。


そしてその先は?

息子は、レオはうちのほうが好きなんだ。うちのネコなんだと言い張った……。


そんな悩みも終わりになる日がきた。

レオがわが家に戻らなくなって大分日数がたっていた。

今回は今までより日数が長いから、何かあったのかもしれない。家族で話しあっていたある日、妻が井戸端会議で次のような話を聞いた。

レオの飼い主であるEさんの家族が引っ越しをしたというのだ。ネコは引っ越しまで外に出ないよう、Eさんがしっかり家の戸締りをしていたという話も聞いたらしい。

そうかレオは行ってしまったのか。

だったらわが家に戻れないはずだ。

ホントにブラーっとやって来て、昔からの知りあいのようにうちに居ついて、何も挨拶もせずに行ってしまった。

息子がかわいそうであったが仕方のないことだった。これでよかったのだろう。

〝われわれを飼い主に選んだネコ〟とは言いがたいかもしれない。

しかし、私は、期待もこめて次のような推察をするのだ。

レオは、わが家に居つく前からわが家のことをどこかで見ていて、いつかあの家のネコになってみたいと思っていたのではないか。（妻は、レオはうちのネコになりたかったに違いないと言う。息子にはそれ以外の可能性はありえない。）

動物行動学の立場からはどのように解釈できるのか？

わかっている事実が少なすぎてそれは無理である。ただし、そこには、おそらく、われわれがこれまでに知っているネコについての現代の科学的な知識以上のネコの能力や思考力が関係していたと思う。

余談であるが、自閉症（アスペルガー症候群）の女性動物学者として有名なテンプル・グランディン氏は、最近の著書『動物感覚——アニマル・マインドを読み解く』（キャサリン・ジヨンソンと共著、中尾ゆかり訳、日本放送出版協会）のなかで次のように書いている。

動物学者は、「プードルのフィフィって頭がいいのよ」というテニスシューズのおばさんたちにようやく追いつきはじめている。

ケンもレオも、人間たちを、自分の目で見ながらいろいろなことを考え、感じたに違いない。そしていろいろな判断を下し、行動したに違いない。

そしてわれわれは、今まで以上に、イヌやネコ、それ以外の多くの動物たちを、そういう、思考力と心をもった存在として見ていかなければならないのだと思う。

著者紹介

小林朋道（こばやし ともみち）

1958 年岡山県生まれ。

岡山大学理学部生物学科卒業。京都大学で理学博士取得。

岡山県で高等学校に勤務後、2001 年鳥取環境大学講師、2005 年教授。

専門は動物行動学、人間比較行動学。

著書に『通勤電車の人間行動学』（創流出版）、『スーパーゼミナール環境学』（共著、東洋経済新報社）、『地球環境読本』『地球環境読本 II』（共著、丸善株式会社）、『人間の自然認知特性とコモンズの悲劇—動物行動学から見た環境教育』（ふくろう出版）、『先生、巨大コウモリが廊下を飛んでいます！』『先生、子リスたちがイタチを攻撃しています！』『先生、カエルが脱皮してその皮を食べています！』『先生、キジがヤギに縄張り宣言しています！』『先生、モモンガの風呂に入ってください！』『先生、大型野獣がキャンパスに侵入しました！』（築地書館）など。

これまで、ヒトも含めた哺乳類、鳥類、両生類などの行動を、動物の生存や繁殖にどのように役立つかという視点から調べてきた。

現在は、ヒトと自然の精神的なつながりについての研究や、水辺の絶滅危惧動物の保全活動に取り組んでいる。

中国山地の山あいで、幼いころから野生生物たちと触れあいながら育ち、気がつくとそのまま大人になっていた。1 日のうち少しでも野生生物との“交流”をもたないと体調が悪くなる。

自分では虚弱体質の理論派だと思っているが、学生たちからは体力だのみの現場派だと言われている。

先生、シマリスがヘビの頭をかじっています！

鳥取環境大学の森の人間動物行動学

2008年10月10日　初版発行
2017年 3 月21日　12刷発行

著者　小林朋道
発行者　土井二郎
発行所　築地書館株式会社
〒104-0045
東京都中央区築地7-4-4-201
☎03-3542-3731　FAX 03-3541-5799
http://www.tsukiji-shokan.co.jp/
振替00110-5-19057
印刷製本　シナノ出版印刷株式会社
装丁　山本京子

ISBN978-4-8067-1375-3

大好評　先生！シリーズ

先生、巨大コウモリが
廊下を飛んでいます!
[鳥取環境大学]の森の人間動物行動学
小林朋道
本日も、大学は動物事件でにぎやかなり!

先生、巨大コウモリが廊下を飛んでいます！

［鳥取環境大学］の森の人間動物行動学

小林朋道［著］ 1600円+税　◎10刷

自然に囲まれた小さな大学で起きる動物たちと人間をめぐる珍事件を、人間動物行動学の視点で描く、ほのぼのどたばた騒動記。あなたの“脳のクセ”もわかります。

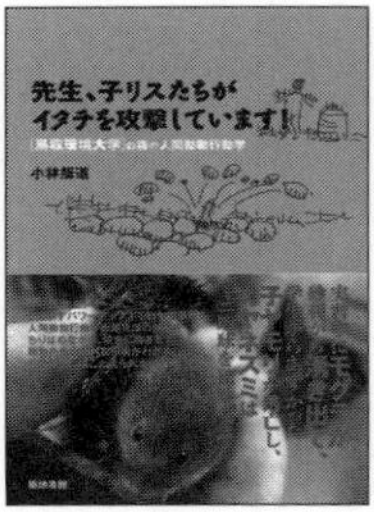
先生、子リスたちが
イタチを攻撃しています!
[鳥取環境大学]の森の人間動物行動学
小林朋道

先生、子リスたちがイタチを攻撃しています！

［鳥取環境大学］の森の人間動物行動学

小林朋道［著］ 1600円+税　◎6刷

ますますパワーアップする動物珍事件。
動物たちの意外な一面がわかる、動物好きにはこたえられない1冊です！

先生、カエルが脱皮して
その皮を食べています!
[鳥取環境大学]の森の人間動物行動学
小林朋道

先生、カエルが脱皮してその皮を食べています！

［鳥取環境大学］の森の人間動物行動学

小林朋道［著］ 1600円+税　◎5刷

動物（含人間）たちの“えっ！”“へぇ〜!?”がいっぱい。
日々起きる動物珍事件を、人間動物行動学の“鋭い”視点で把握し、分析し、描き出す。

価格・刷数は2017年3月現在
総合図書目録進呈します。ご請求は下記宛先まで
〒104-0045　東京都中央区築地7-4-4-201　築地書館営業部
メールマガジン「築地書館 BOOK NEWS」のお申し込みはホームページから
http://www.tsukiji-shokan.co.jp/